Amar Saraswat

Noções básicas de blockchain: Entendendo os Ledgers Distribuídos

Amar Saraswat

Noções básicas de blockchain: Entendendo os Ledgers Distribuídos

ScienciaScripts

Imprint

Cover image: www.ingimage.com

This book is a translation from the original published under ISBN 978-620-7-63899-4.

Publisher:
Sciencia Scripts
is a trademark of
Dodo Books Indian Ocean Ltd. and OmniScriptum S.R.L publishing group

120 High Road, East Finchley, London, N2 9ED, United Kingdom
Str. Armeneasca 28/1, office 1, Chisinau MD-2012, Republic of Moldova, Europe
Printed at: see last page
ISBN: 978-620-7-94421-7

Índice

Capítulo 1: Introdução à cadeia de blocos

Introdução

A tecnologia blockchain surgiu como uma das inovações mais revolucionárias do século XXI. Na sua essência, a cadeia de blocos é uma tecnologia de registo descentralizada e distribuída que permite que os dados sejam registados de forma segura e transparente. Ao contrário das bases de dados centralizadas tradicionais, que dependem de um único ponto de controlo, a cadeia de blocos funciona numa rede de computadores (nós), cada um mantendo uma cópia da base de dados. Esta descentralização garante que nenhuma entidade única tem controlo sobre todo o sistema, tornando-o resistente à adulteração e à censura.

O conceito de cadeia de blocos foi introduzido pela primeira vez em 2008 por uma pessoa ou grupo de pessoas anónimas conhecidas como Satoshi Nakamoto, que delineou a sua aplicação na criação da Bitcoin, a primeira moeda criptográfica. Desde então, a tecnologia de cadeia de blocos evoluiu para além das criptomoedas, encontrando aplicações em vários sectores, incluindo finanças, gestão da cadeia de fornecimento, cuidados de saúde e muito mais. Os princípios subjacentes de transparência, segurança e imutabilidade tornam a cadeia de blocos uma solução atractiva para resolver ineficiências e problemas de confiança nos sistemas tradicionais.

Uma das principais caraterísticas da cadeia de blocos é a sua imutabilidade. Uma vez registados na cadeia de blocos, os dados não podem ser alterados ou eliminados sem o consenso da maioria da rede. Isto torna a cadeia de blocos uma solução ideal para registar transacções e manter um registo transparente e auditável dos eventos. Além disso, a utilização de técnicas criptográficas garante que os dados na cadeia de blocos são seguros e invioláveis, aumentando ainda mais a confiança entre os participantes.

Outro aspeto importante da cadeia de blocos é a sua transparência. Uma vez que todas as transacções são registadas num livro-razão público, acessível a todos os participantes na rede, existe uma transparência total relativamente ao fluxo de dados e activos. Esta transparência não só reduz o risco de fraude, como também promove a confiança entre os utilizadores, uma vez que estes podem verificar as transacções de forma independente, sem depender de intermediários.

A tecnologia Blockchain também permite o conceito de contratos inteligentes, que são contratos auto-executáveis com os termos do acordo diretamente escritos no código. Os contratos inteligentes aplicam automaticamente os termos e condições de um acordo, eliminando a necessidade de intermediários e reduzindo o risco de litígios. Esta automatização simplifica os processos e reduz os custos gerais, tornando as transacções mais eficientes e rentáveis.

Além disso, a cadeia de blocos promove a descentralização ao eliminar a necessidade de intermediários, como bancos ou câmaras de compensação, para facilitar as transacções. Em vez disso, as transacções são validadas e adicionadas à cadeia de blocos através de um mecanismo de consenso, como a prova de trabalho ou a prova de aposta, que envolve participantes (nós) na rede que chegam a um acordo sobre a validade das transacções. Esta descentralização não só aumenta a segurança e a resiliência, como também reduz a dependência de autoridades centralizadas, democratizando o acesso a serviços financeiros e outras aplicações.

Apesar das suas muitas vantagens, a tecnologia de cadeia de blocos não está isenta de desafios. A escalabilidade, a interoperabilidade e as preocupações regulamentares estão entre os principais desafios que se colocam a uma adoção generalizada. Os problemas de escalabilidade surgem devido à natureza intensiva de recursos da cadeia de blocos, o que pode resultar em velocidades de transação mais lentas e custos mais elevados à medida que a rede cresce. Os problemas de interoperabilidade resultam da falta de normalização entre diferentes plataformas de cadeia de blocos, o que dificulta a comunicação e a partilha de dados sem problemas. As preocupações regulamentares giram em torno dos quadros legais e regulamentares que regem a tecnologia de cadeia de blocos, particularmente em áreas como a privacidade dos dados, a gestão da identidade e os contratos inteligentes.

Em conclusão, a tecnologia blockchain tem o potencial de revolucionar a forma como fazemos transações, comunicamos e interagimos com ativos digitais. A sua natureza descentralizada e transparente oferece inúmeros benefícios, incluindo maior segurança, custos reduzidos e maior eficiência. No entanto, a superação de desafios como escalabilidade, interoperabilidade e obstáculos regulatórios será crucial para a realização de todo o potencial da blockchain nos próximos anos. À medida que a tecnologia continua a evoluir e a amadurecer, está preparada para transformar as indústrias e capacitar os indivíduos de formas que ainda não imaginámos.

1.1. O que é a cadeia de blocos?

A Blockchain é uma tecnologia transformadora que ganhou atenção generalizada nos últimos anos, particularmente com o aumento de criptomoedas como a Bitcoin. Na sua essência, a cadeia de blocos é um sistema de registo descentralizado e distribuído que regista de forma segura as transacções através de uma rede de computadores. Ao contrário das bases de dados tradicionais que são centralizadas e controladas por uma única entidade, a blockchain funciona numa rede peer-to-peer, em que cada participante (ou nó) mantém uma cópia de todo o livro-razão. Essa estrutura descentralizada garante transparência, imutabilidade e segurança dentro do sistema.

Uma das principais caraterísticas da cadeia de blocos é a sua imutabilidade. Quando uma transação é registada na cadeia de blocos, não pode ser alterada ou eliminada sem o consenso da maioria dos participantes na rede. Isto faz da cadeia de blocos uma solução ideal para sectores em que a integridade e a segurança dos dados são fundamentais, como as finanças, os cuidados de saúde e a gestão da cadeia de fornecimento.

Outro aspeto importante da cadeia de blocos é a sua transparência. Uma vez que cada transação é registada num livro-razão público acessível a todos os participantes, existe um elevado nível de transparência e responsabilidade no sistema. Isto ajuda a reduzir a fraude, a corrupção e os erros, uma vez que todas as transacções são visíveis e auditáveis por qualquer pessoa na rede.

A tecnologia Blockchain também permite o conceito de contratos inteligentes, que são contratos auto-executáveis com os termos do acordo diretamente escritos no código. Os contratos inteligentes executam e aplicam automaticamente os termos do acordo quando são cumpridas condições predefinidas, sem necessidade de intermediários. Isto pode simplificar processos, reduzir custos e minimizar o risco de fraude ou manipulação.

Além disso, a cadeia de blocos tem o potencial de revolucionar a forma como lidamos com a identidade digital e a autenticação. Ao fornecer aos indivíduos identidades digitais seguras e invioláveis armazenadas na cadeia de blocos, podemos aumentar a privacidade, reduzir o roubo de identidade e permitir uma autenticação perfeita em vários serviços em linha.

Além disso, a tecnologia de cadeia de blocos tem implicações que vão para além das finanças e das transacções digitais. Pode ser utilizada para criar aplicações descentralizadas (DApps) que funcionam em redes de cadeia de blocos, oferecendo uma vasta gama de funcionalidades, tais como armazenamento descentralizado, sistemas de votação e redes sociais descentralizadas. Isto abre novas possibilidades de inovação e perturbação em vários sectores.

Apesar das suas inúmeras vantagens, a tecnologia de cadeia de blocos não está isenta de desafios. A escalabilidade, a interoperabilidade e as preocupações regulamentares são alguns dos principais obstáculos que têm de ser resolvidos para que a cadeia de blocos atinja todo o seu potencial. No entanto, com a investigação, o desenvolvimento e a adoção em curso, a cadeia de blocos continua a evoluir e a transformar vários aspectos da nossa economia e sociedade. À medida que avançamos, será fascinante ver como a cadeia de blocos continua a moldar o futuro da tecnologia e dos negócios.

1.2. História da cadeia de blocos

A tecnologia de cadeia de blocos revolucionou a forma como percebemos e realizamos transacções, mas a sua história é rica e multifacetada. As origens da cadeia de blocos remontam a um quadro concetual estabelecido por Stuart Haber e W. Scott Stornetta em 1991. Eles introduziram um método para proteger documentos digitais usando cadeias criptográficas, o que lançou as bases para o que agora reconhecemos como blockchain. No entanto, só com o aparecimento do Bitcoin em 2009, creditado ao pseudónimo Satoshi Nakamoto, é que a cadeia de blocos ganhou uma atenção generalizada. O livro branco de Nakamoto, "Bitcoin: A Peer-to-Peer Electronic Cash System", delineou um sistema de moeda digital descentralizado baseado na tecnologia de cadeia de blocos.

A cadeia de blocos da Bitcoin serviu como a primeira aplicação prática da tecnologia, criando um livro-razão descentralizado para registar transacções sem a necessidade de intermediários. Essa inovação despertou interesse e abriu caminho para o desenvolvimento de criptomoedas alternativas e plataformas baseadas em blockchain. O Ethereum, lançado em 2015 por Vitalik Buterin, introduziu os contratos inteligentes, acordos programáveis que são executados automaticamente quando são cumpridas condições pré-determinadas. Isto expandiu as potenciais aplicações da cadeia de blocos para além das transacções monetárias, permitindo o desenvolvimento de aplicações descentralizadas (dApps) e plataformas financeiras descentralizadas (DeFi).

A história da cadeia de blocos é também marcada por marcos significativos na sua adoção em várias indústrias. Em 2016, grandes instituições financeiras e empresas de tecnologia formaram a Enterprise Ethereum Alliance (EEA) para explorar casos de uso de blockchain em ambientes corporativos. Este facto assinalou uma mudança no sentido da aceitação generalizada e da integração da tecnologia de cadeia de blocos nos sistemas tradicionais. Os sectores que vão desde as finanças e a gestão da cadeia de abastecimento até aos cuidados de saúde e sistemas de votação começaram a explorar formas de aproveitar a cadeia de blocos para aumentar a segurança, a transparência e a eficiência.

Apesar do seu potencial, a tecnologia de cadeia de blocos enfrentou desafios e críticas ao longo do seu percurso. Problemas de escalabilidade, preocupações com o consumo de energia e incerteza regulamentar constituíram obstáculos à sua adoção generalizada. No entanto, os esforços contínuos de investigação e desenvolvimento conduziram ao aparecimento de soluções como as soluções de escalonamento de nível 2, algoritmos de consenso como o Proof of Stake (PoS) e quadros regulamentares adaptados para acomodar as inovações da cadeia de blocos.

A história da cadeia de blocos não se resume apenas aos avanços tecnológicos, mas também às iniciativas e colaborações orientadas para a comunidade. Os projectos de código aberto e os movimentos de base desempenharam um papel crucial na evolução da tecnologia de cadeia de blocos. Comunidades de programadores, empresários e entusiastas contribuíram para a proliferação de soluções e ecossistemas baseados em cadeias de blocos.

Olhando para o futuro, a história da cadeia de blocos continua a desenrolar-se com experimentação e inovação contínuas. Os projectos que exploram a interoperabilidade da cadeia de blocos, as técnicas de melhoria da privacidade e as medidas de sustentabilidade estão a ultrapassar os limites do que é possível com esta tecnologia. À medida que a cadeia de blocos continua a amadurecer, é provável que o seu impacto nas indústrias, economias e sociedades de todo o mundo se aprofunde, dando início a uma nova era de descentralização e capacitação digital.

1.3. Importância da tecnologia de cadeia de blocos

A tecnologia Blockchain surgiu como uma força revolucionária no panorama digital, oferecendo soluções para vários desafios em todos os sectores. O seu significado vai muito além do domínio das criptomoedas, tendo impacto em sectores como as finanças, os cuidados de saúde, a gestão da cadeia de fornecimento e outros. Para compreender a importância da tecnologia de cadeia de blocos, é necessário aprofundar as suas principais caraterísticas e o potencial transformador que possui.

Em primeiro lugar, a tecnologia blockchain oferece segurança e transparência incomparáveis. Através da sua natureza descentralizada e criptográfica, garante que os dados não podem ser alterados retroativamente, tornando-os à prova de adulteração e altamente seguros. Esta caraterística é inestimável em sectores como o financeiro, onde a manutenção da integridade das transacções é fundamental, reduzindo a fraude e aumentando a confiança entre os participantes.

Em segundo lugar, a cadeia de blocos promove a confiança nas transacções entre pares, eliminando a necessidade de intermediários. Ao permitir interações diretas entre as partes, simplifica os processos, reduz os custos e acelera as transacções. Este aspeto é particularmente benéfico em regiões com acesso limitado aos serviços bancários tradicionais, permitindo que os indivíduos e as empresas participem na economia global sem problemas.

Além disso, a cadeia de blocos melhora a integridade e a rastreabilidade dos dados, cruciais na gestão da cadeia de abastecimento e nos cuidados de saúde. Ao registar cada transação ou evento num livro-razão transparente e imutável, as partes interessadas podem seguir o percurso de bens ou informações sensíveis, garantindo a autenticidade e a conformidade com os regulamentos. Esta transparência reduz o risco de produtos contrafeitos, promove o abastecimento ético e reforça a responsabilidade em toda a cadeia de abastecimento.

Além disso, a tecnologia blockchain facilita a tokenização de activos, desbloqueando a liquidez e democratizando as oportunidades de investimento. Através da tokenização, activos como imóveis, arte ou propriedade intelectual podem ser divididos em tokens digitais, tornando-os mais acessíveis a um leque mais alargado de investidores. Esta democratização do acesso aos activos tem o potencial de reformular os modelos de investimento tradicionais e promover a inclusão financeira.

Além disso, a cadeia de blocos permite contratos inteligentes, contratos auto-executáveis com os termos do acordo diretamente escritos no código. Estes contratos automatizam e aplicam a execução de acordos, eliminando a necessidade de intermediários e reduzindo o risco de litígios. Os contratos inteligentes têm aplicações em vários sectores, desde os seguros e o imobiliário à gestão da cadeia de abastecimento, optimizando processos e reduzindo os encargos administrativos.

Além disso, a tecnologia blockchain permite que os indivíduos tenham maior controlo sobre os seus dados e identidades digitais. Através de soluções de identidade descentralizadas, os utilizadores podem gerir e partilhar as suas informações pessoais de forma segura, sem depender de autoridades centralizadas susceptíveis de violações ou utilização indevida de dados. Esta mudança para uma identidade auto-soberana aumenta a privacidade e dá aos indivíduos autonomia sobre a sua pegada digital.

Além disso, a cadeia de blocos promove a inovação e a colaboração através do desenvolvimento de código aberto e de modelos de governação descentralizados. A natureza colaborativa das comunidades de cadeia de blocos incentiva a experimentação e a partilha de ideias, acelerando o ritmo do avanço tecnológico. A governação descentralizada garante que a tomada de decisões é distribuída pelos participantes, promovendo a inclusão e reduzindo o risco de pontos únicos de falha.

Em conclusão, a importância da tecnologia de cadeias de blocos reside na sua capacidade de revolucionar os sistemas tradicionais, promovendo a confiança, a transparência e a eficiência em todos os sectores. Ao fornecer registos seguros e imutáveis, ao permitir transacções entre pares, ao melhorar a integridade e a rastreabilidade dos dados, ao democratizar o acesso aos activos, ao facilitar os contratos inteligentes, ao capacitar os indivíduos com uma identidade auto-soberana e ao promover a inovação através da colaboração, a cadeia de blocos está preparada para moldar profundamente o futuro do nosso mundo digital.

Conclusão :

Em conclusão, o aparecimento da tecnologia de cadeia de blocos assinala um marco significativo na evolução dos sistemas digitais. Desde o seu humilde início como a tecnologia fundamental subjacente à Bitcoin, a cadeia de blocos transformou-se numa ferramenta versátil e poderosa com aplicações em vários sectores. Na sua essência, a cadeia de blocos é um livro-razão descentralizado e imutável que permite transacções seguras e transparentes sem a necessidade de intermediários. A sua história remonta ao livro branco de referência da autoria de Satoshi Nakamoto em 2008, que lançou as bases para a primeira criptomoeda, a Bitcoin, e introduziu o conceito de um livro-razão distribuído. Desde então, a cadeia de blocos tem sofrido um rápido desenvolvimento, com inúmeras iterações e inovações que contribuíram para a sua maturação.

A história da cadeia de blocos é caracterizada tanto por avanços como por desafios. Apesar do ceticismo inicial e da resistência das instituições financeiras tradicionais, a tecnologia de cadeia de blocos perseverou e ganhou reconhecimento generalizado pelo seu potencial para revolucionar não só as finanças, mas também sectores como a gestão da cadeia de fornecimento, os cuidados de saúde e os serviços governamentais. A sua natureza descentralizada garante que nenhuma entidade individual tem controlo sobre a rede, aumentando a segurança e reduzindo o risco de fraude ou manipulação. Além disso, a transparência proporcionada pela blockchain promove a confiança e a responsabilização, fomentando uma economia digital mais inclusiva e equitativa.

A importância da tecnologia blockchain não pode ser exagerada. A sua capacidade de fornecer um registo de transacções inviolável e verificável tem o potencial de simplificar processos, reduzir custos e eliminar ineficiências em vários sectores. No sector financeiro, a cadeia de blocos facilita pagamentos transfronteiriços mais rápidos e mais seguros, enquanto na gestão da cadeia de abastecimento permite a rastreabilidade de ponta a ponta, melhorando a autenticidade e a responsabilidade do produto. Além disso, os contratos inteligentes baseados em cadeias de blocos automatizam e aplicam acordos, reduzindo a necessidade de intermediários e minimizando o risco de litígios.

Olhando para o futuro, o futuro da cadeia de blocos parece promissor, mas difícil. Embora os seus potenciais benefícios sejam inegáveis, a adoção generalizada exige a superação de obstáculos técnicos, barreiras regulamentares e a resolução de preocupações relativas à escalabilidade, privacidade e consumo de energia. No entanto, os esforços de investigação e desenvolvimento em curso, juntamente com a crescente colaboração entre as partes interessadas do sector e os organismos reguladores, são um bom presságio para o avanço contínuo da tecnologia de cadeias de blocos. À medida que inovações como soluções de interoperabilidade, mecanismos de consenso e técnicas de melhoria da privacidade amadurecem, a cadeia de blocos está pronta para realizar todo o seu potencial como uma força transformadora na era digital.

Em conclusão, a tecnologia blockchain representa uma mudança de paradigma na forma como concebemos a confiança, a segurança e a troca de valores na era digital. A sua natureza descentralizada e transparente promete criar uma economia global mais inclusiva e eficiente, permitindo que indivíduos e organizações efectuem transacções e interajam de forma segura e sem atritos. À medida que navegamos pelas complexidades do panorama digital, a cadeia de blocos é um farol de inovação, oferecendo soluções para alguns dos desafios mais prementes que a sociedade enfrenta atualmente. Com a colaboração, o investimento e a perseverança contínuos, a cadeia de blocos tem o potencial de remodelar as indústrias, capacitar as comunidades e promover mudanças positivas a uma escala global.

Capítulo 2. Conceitos fundamentais

Introdução:

A tecnologia Blockchain é um conceito revolucionário que transformou vários sectores, oferecendo segurança, transparência e eficiência sem paralelo. Na sua essência, a cadeia de blocos é um sistema de registo descentralizado e distribuído que regista transacções em vários computadores de forma segura e imutável. Um dos seus conceitos fundamentais é a descentralização, o que significa que não existe uma autoridade central que governe a rede. Em vez disso, as transacções são validadas por consenso entre os participantes, garantindo a confiança e eliminando a necessidade de intermediários.

Outro conceito fundamental da tecnologia de cadeia de blocos é a transparência. Todas as transacções registadas na cadeia de blocos são visíveis para todos os participantes, criando um registo transparente e auditável dos acontecimentos. Esta transparência promove a confiança entre os utilizadores e permite uma maior responsabilização dentro da rede. Além disso, a imutabilidade da cadeia de blocos garante que, uma vez registada uma transação, esta não pode ser alterada ou eliminada, proporcionando um registo de dados à prova de adulteração.

A segurança é fundamental na tecnologia blockchain. Através de técnicas criptográficas como o hashing e as assinaturas digitais, as transacções são encriptadas e validadas de forma segura, tornando extremamente difícil que agentes maliciosos alterem ou falsifiquem dados. Esta infraestrutura de segurança robusta tornou a tecnologia de cadeia de blocos particularmente apelativa para aplicações como transacções financeiras, gestão da cadeia de fornecimento e verificação de identidade.

Os contratos inteligentes são outro conceito-chave da tecnologia de cadeia de blocos. Estes contratos auto-executáveis são codificados com regras predefinidas e são executados automaticamente quando determinadas condições são cumpridas. Os contratos inteligentes não só simplificam e automatizam os processos, como também reduzem a necessidade de intermediários, reduzindo assim os custos e aumentando a eficiência.

A interoperabilidade é um conceito emergente na tecnologia de cadeias de blocos, com o objetivo de colmatar o fosso entre diferentes redes de cadeias de blocos. À medida que o número de plataformas de cadeia de blocos continua a crescer, a interoperabilidade torna-se crucial para permitir a comunicação e a transferência de dados sem descontinuidades entre sistemas díspares. Estão a ser desenvolvidas normas, como protocolos de comunicação entre cadeias e quadros de interoperabilidade, para facilitar esta interoperabilidade.

A escalabilidade é um desafio que a tecnologia de cadeia de blocos está a enfrentar ativamente. À medida que mais transacções são processadas na cadeia de blocos, a escalabilidade torna-se essencial para manter o desempenho e a eficiência. Várias soluções, como sharding, protocolos de camada 2 e escalonamento fora da cadeia, estão a ser exploradas para melhorar a escalabilidade das redes de cadeia de blocos sem comprometer a segurança ou a descentralização.

A governação é outro conceito importante na tecnologia de cadeia de blocos, especialmente nas redes públicas de cadeia de blocos. Os mecanismos de governação definem a forma como as decisões são tomadas relativamente ao desenvolvimento, actualizações e direção geral do protocolo. Os modelos de governação descentralizados, como a votação na cadeia e a tomada de decisões por consenso, visam garantir que os interesses de todas as partes interessadas são representados e que a rede evolui de forma transparente e democrática.

Por fim, o conceito de tokenização é central para muitas aplicações de blockchain. Os tokens representam activos digitais ou físicos na cadeia de blocos e podem ser utilizados para facilitar transacções, aceder a serviços ou representar direitos de propriedade. A tokenização permite a propriedade fraccionada de activos, aumenta a liquidez e abre novas possibilidades de troca de valor e inovação.

Em conclusão, a tecnologia blockchain engloba uma variedade de conceitos fundamentais que sustentam a sua funcionalidade e potenciais aplicações. Da descentralização e transparência à segurança e interoperabilidade, esses conceitos formam a base de um novo paradigma de confiança, eficiência e inovação na era digital. À medida que a tecnologia de cadeia de blocos continua a evoluir e a amadurecer, o seu impacto transformador nas indústrias e na sociedade em geral é suscetível de se tornar ainda mais profundo.

2.1. Tecnologia de registo distribuído (DLT)

A tecnologia Distributed Ledger (DLT) representa uma força transformadora, remodelando a forma como registamos, verificamos e trocamos dados em vários sectores. Na sua essência, a DLT é uma base de dados descentralizada que mantém uma lista de registos em crescimento contínuo, denominados blocos, ligados e protegidos através de técnicas criptográficas. Ao contrário dos sistemas centralizados tradicionais, a DLT distribui cópias do livro-razão por uma rede de nós, garantindo transparência, imutabilidade e resiliência.

Uma das principais caraterísticas da DLT é a sua capacidade de aumentar a confiança nas transacções através de mecanismos de consenso. Em vez de dependerem de uma única autoridade, os algoritmos de consenso permitem que os nós da rede cheguem a acordo sobre a validade das transacções, promovendo a confiança sem a necessidade de intermediários. Esta abordagem descentralizada não só reduz o risco de fraude e manipulação, como também aumenta a eficiência das transacções, eliminando intermediários dispendiosos.

A DLT tem encontrado aplicações generalizadas em todos os sectores, desde as finanças à gestão da cadeia de abastecimento e muito mais. Nas finanças, a cadeia de blocos, um tipo de DLT, revolucionou os sistemas de pagamento, permitindo transacções transfronteiriças mais rápidas, seguras e económicas. Os contratos inteligentes, contratos auto-executáveis com os termos do acordo escritos diretamente no código, automatizam processos e garantem a conformidade, reduzindo a necessidade de intermediários e simplificando as operações.

Além disso, a DLT tem um enorme potencial para aumentar a transparência e a rastreabilidade nas cadeias de abastecimento. Ao registar todas as transacções ou movimentos de mercadorias numa cadeia de blocos, as partes interessadas podem acompanhar a proveniência dos produtos, verificar a sua autenticidade e garantir a conformidade com os regulamentos. Isto não só ajuda a combater a contrafação e a fraude, como também promove a sustentabilidade, permitindo uma afetação de recursos mais eficiente e reduzindo o desperdício.

A DLT também democratiza o acesso a serviços financeiros, especialmente em regiões mal servidas, onde não existem infra-estruturas bancárias tradicionais. Através de plataformas baseadas em blockchain, os indivíduos podem aceder a serviços bancários, obter empréstimos e participar em transacções peer-to-peer utilizando apenas um smartphone e uma ligação à Internet. Isto tem o potencial de capacitar milhões de indivíduos sem conta bancária, promovendo a inclusão financeira e o crescimento económico.

Além disso, a DLT tem a capacidade de revolucionar o sector da saúde, gerindo e partilhando de forma segura os dados dos pacientes. Os sistemas baseados em cadeias de blocos podem garantir a privacidade e a integridade dos registos médicos, ao mesmo tempo que facilitam a interoperabilidade entre diferentes prestadores de cuidados de saúde. Esta troca simplificada de informações pode levar a um melhor atendimento ao paciente, redução de erros médicos e avanços na investigação médica através do acesso a dados abrangentes e em tempo real.

Apesar dos seus potenciais benefícios, a DLT também apresenta desafios, incluindo escalabilidade, interoperabilidade e preocupações regulamentares. A escalabilidade continua a ser uma questão importante, uma vez que a atual infraestrutura tem dificuldade em suportar o volume crescente de transacções nas redes de cadeias de blocos. A interoperabilidade entre diferentes plataformas DLT é também essencial para concretizar todo o potencial desta tecnologia, permitindo a integração e o intercâmbio de dados entre sistemas díspares. Além disso, os quadros regulamentares devem adaptar-se para acomodar as caraterísticas únicas da DLT, abordando simultaneamente as preocupações relacionadas com a privacidade, a segurança e a conformidade dos dados.

Em conclusão, a tecnologia Distributed Ledger promete revolucionar várias indústrias, aumentando a confiança, a transparência e a eficiência nas transacções e na gestão de dados. À medida que a tecnologia continua a evoluir e a amadurecer, a abordagem dos principais desafios e a promoção da colaboração entre as partes interessadas serão essenciais para desbloquear todo o seu potencial e concretizar um futuro em que os sistemas descentralizados capacitem tanto os indivíduos como as organizações.

2.2. Criptografia

A criptografia, a arte e a ciência de proteger a comunicação e os dados, é uma pedra angular na era digital, protegendo a informação de olhares indiscretos e agentes maliciosos. As suas raízes remontam às civilizações antigas, onde as mensagens secretas eram ocultadas através de técnicas como as cifras de substituição. Ao longo dos milénios, a criptografia evoluiu para uma disciplina sofisticada, parte integrante dos protocolos modernos de comunicação, comércio e segurança.

Na sua essência, a criptografia utiliza algoritmos matemáticos para codificar dados em texto cifrado, tornando-os ilegíveis sem a chave de desencriptação correspondente. Esta transformação garante a confidencialidade, impedindo o acesso não autorizado a informações sensíveis. Além disso, a criptografia proporciona autenticidade e integridade, verificando a identidade das partes comunicantes e detectando qualquer adulteração ou alteração dos dados.

Um dos conceitos fundamentais da criptografia moderna é a encriptação assimétrica, que utiliza um par de chaves: uma chave pública para encriptação e uma chave privada para desencriptação. Este paradigma permite a comunicação segura através de canais não fiáveis, uma vez que a chave pública pode ser distribuída livremente enquanto a chave privada permanece secreta. A encriptação assimétrica constitui a base das assinaturas digitais, permitindo o não repúdio e a confiança nas transacções electrónicas.

Para além da encriptação, as técnicas criptográficas englobam funções de hash, que geram resumos únicos e de tamanho fixo dos dados. Estes resumos funcionam como impressões digitais, facilitando a verificação da integridade e a autenticação dos dados. Além disso, os protocolos criptográficos, como o SSL/TLS, garantem uma comunicação segura através da Internet, salvaguardando informações sensíveis durante as transacções e interações em linha.

A importância da criptografia vai para além da privacidade e da segurança digitais; está na base da confiança na sociedade moderna. Desde a segurança da banca em linha e do comércio eletrónico até às comunicações confidenciais e à informação governamental, a criptografia desempenha um papel fundamental na preservação da confidencialidade, integridade e autenticidade no domínio digital.

No entanto, a criptografia não está isenta de desafios e controvérsias. Embora fortaleça as defesas digitais, também coloca dilemas éticos em relação à privacidade, vigilância e controlo governamental. Encontrar um equilíbrio entre os imperativos de segurança e as liberdades individuais continua a ser um debate permanente no domínio da criptografia.

Apesar destas complexidades, a relevância duradoura da criptografia num mundo cada vez mais interligado sublinha o seu papel indispensável na salvaguarda dos activos digitais e na preservação dos direitos de privacidade. À medida que a tecnologia avança e surgem novas ameaças, a criptografia continuará a evoluir, impulsionando a inovação e a resiliência face à evolução dos desafios da cibersegurança. Essencialmente, a criptografia é um farol de segurança, permitindo que indivíduos e organizações naveguem pelas complexidades da era digital com confiança e segurança.

2.3. Mecanismos de consenso

Os mecanismos de consenso são a espinha dorsal da tecnologia de cadeia de blocos, garantindo a integridade e a fiabilidade das transacções num ambiente descentralizado. Estes mecanismos funcionam como protocolos que permitem que todos os participantes numa rede blockchain concordem com a validade das transacções. Aqui está uma análise da sua importância e dos vários tipos:

Introdução aos mecanismos de consenso: Os mecanismos de consenso são cruciais, pois facilitam o acordo entre os participantes da rede em relação ao estado do registo. Garantem que todas as transacções adicionadas à cadeia de blocos são válidas e acordadas pela maioria dos participantes.

Prova de Trabalho (PoW): O PoW é o primeiro e mais conhecido mecanismo de consenso, popularizado pelo Bitcoin. No PoW, os mineiros competem para resolver puzzles matemáticos complexos para validar transacções e criar novos blocos. Este processo requer um poder computacional e um consumo de energia significativos, mas é altamente seguro.

Prova de participação (PoS): Ao contrário da PoW, a PoS seleciona os validadores com base na quantidade de criptomoeda que detêm e estão dispostos a "apostar" como garantia. Os validadores são escolhidos para criar novos blocos e validar transacções com base na sua participação. O PoS é mais eficiente em termos energéticos do que o PoW e ganhou popularidade devido aos seus requisitos de recursos mais baixos.

Prova de participação delegada (DPoS): A DPoS introduz um sistema de votação democrático em que as partes interessadas elegem um determinado número de delegados para validar transacções e criar novos blocos em seu nome. Este mecanismo é conhecido pela sua escalabilidade e eficiência, uma vez que reduz o número de participantes envolvidos no processo de consenso.

Prova de autoridade (PoA): A PoA baseia-se num conjunto de validadores pré-aprovados, normalmente entidades ou indivíduos reconhecidos, para validar transacções e criar novos blocos. Os validadores são identificados e confiados pela rede com base na sua reputação e autoridade. O PoA é adequado para cadeias de blocos privadas ou de consórcio em que a confiança entre os participantes é estabelecida.

Tolerância prática a falhas bizantinas (PBFT): O PBFT foi concebido para cadeias de blocos autorizadas e centra-se na obtenção de consenso numa rede em que alguns participantes podem ser maliciosos ou ter falhas. Baseia-se numa série de rondas de comunicação e votação entre um subconjunto de nós para chegar a acordo sobre o estado do livro-razão.

Gráfico Acíclico Direto (DAG): Mecanismos de consenso baseados em DAG, como o Tangle usado na IOTA, eliminam completamente o conceito de blocos e mineradores. Em vez disso, as transacções são validadas através da referência a transacções anteriores, formando uma estrutura gráfica. Esta abordagem permite uma elevada escalabilidade e elimina as taxas de transação.

Mecanismos de consenso híbridos: Algumas plataformas de blockchain combinam vários mecanismos de consenso para aproveitar os pontos fortes de cada um. Por exemplo, a Ethereum está a fazer a transição de PoW para PoS com a sua atualização Ethereum 2.0, com o objetivo de melhorar a escalabilidade e a eficiência energética, mantendo a segurança.

Em conclusão, os mecanismos de consenso são essenciais para garantir a fiabilidade, a segurança e a escalabilidade das redes de cadeias de blocos. A escolha do mecanismo de consenso depende de vários factores, como os objectivos da rede, os requisitos de escalabilidade, a descentralização e as considerações de segurança. À medida que a tecnologia de cadeia de blocos continua a evoluir, podem surgir novos mecanismos de consenso para responder às diversas necessidades de diferentes casos de utilização e indústrias.

Conclusão:

Em conclusão, os conceitos fundamentais em torno da tecnologia de cadeia de blocos oferecem uma base promissora para revolucionar vários sectores. A Distributed Ledger Technology (DLT) é a espinha dorsal da cadeia de blocos, oferecendo uma base de dados descentralizada partilhada por vários nós. As suas caraterísticas definidoras de imutabilidade, transparência e descentralização prometem remodelar os sistemas tradicionais. As vantagens da DLT vão para além destas caraterísticas fundamentais, incluindo maior segurança, eficiência e custos reduzidos, tornando-a uma opção atractiva para as indústrias que procuram inovação.

A criptografia serve como guardiã da integridade dos dados nos sistemas DLT. As técnicas de criptografia garantem que os dados permaneçam seguros e à prova de adulteração, protegendo informações confidenciais contra acesso não autorizado. As funções de hash desempenham um papel crucial na manutenção da integridade das transacções, produzindo identificadores únicos para cada bloco, permitindo processos eficientes de verificação e validação.

Os mecanismos de consenso formam a pedra angular das redes blockchain, determinando como o acordo é alcançado entre os participantes da rede. Proof of Work (PoW) e Proof of Stake (PoS) são dois algoritmos de consenso proeminentes, cada um com os seus pontos fortes e fracos. O PoW baseia-se no poder computacional para validar transacções, enquanto o PoS se baseia na participação dos participantes na rede. Outros algoritmos de consenso oferecem abordagens alternativas, atendendo a casos de utilização e requisitos específicos.

Em geral, estes conceitos fundamentais contribuem coletivamente para a resiliência, segurança e eficiência da tecnologia de cadeia de blocos. À medida que o cenário continua a evoluir, mais inovações e refinamentos em DLT, criptografia e mecanismos de consenso irão, sem dúvida, impulsionar a adoção generalizada e a integração de soluções de cadeia de blocos em todos os sectores, abrindo caminho para um futuro mais descentralizado e interligado.

Capítulo 3. Estrutura de uma Blockchain

Introdução:

A estrutura de uma cadeia de blocos é um conceito fundamental para compreender a sua funcionalidade e potenciais aplicações. Na sua essência, uma cadeia de blocos é uma tecnologia de registo descentralizada e distribuída que permite transacções seguras e transparentes através de uma rede de computadores. Esta estrutura é composta por vários componentes-chave que trabalham em conjunto para garantir a integridade e a imutabilidade dos dados armazenados na cadeia de blocos.

Antes de mais, o elemento mais reconhecível de uma cadeia de blocos é a cadeia de blocos. Cada bloco contém uma lista de transacções que foram verificadas e adicionadas ao livro-razão. Estas transacções são agrupadas em blocos, que são depois ligados entre si através de hashes criptográficos. Este mecanismo de encadeamento cria um registo cronológico e inviolável de todas as transacções na cadeia de blocos.

Outro componente essencial da estrutura da cadeia de blocos é o mecanismo de consenso. Os algoritmos de consenso são utilizados para garantir que todos os nós da rede concordem com a validade das transacções e com a ordem pela qual são adicionadas à cadeia de blocos. Este mecanismo de consenso descentralizado elimina a necessidade de uma autoridade central e garante a segurança e a integridade da rede.

Para além das transacções, os blocos também contêm metadados, tais como carimbos de data/hora e referências ao bloco anterior na cadeia. Esta informação é crucial para manter a ordem cronológica das transacções e verificar a integridade da cadeia de blocos.

As redes Blockchain são tipicamente redes peer-to-peer, o que significa que todos os nós da rede têm o mesmo estatuto e comunicam diretamente uns com os outros. Esta arquitetura descentralizada garante que não existe um ponto único de falha e torna as redes de cadeia de blocos altamente resistentes a ataques e à censura.

A encriptação é outro aspeto fundamental da estrutura da cadeia de blocos. As transacções e os blocos são encriptados utilizando algoritmos criptográficos para garantir que não podem ser adulterados ou alterados por agentes maliciosos. Esta segurança criptográfica proporciona confiança e segurança na integridade dos dados armazenados na cadeia de blocos.

Os contratos inteligentes são outra caraterística importante de muitas plataformas de blockchain. Os contratos inteligentes são contratos auto-executáveis com os termos do acordo diretamente escritos no código. Estes contratos são executados automaticamente quando são cumpridas condições predefinidas, permitindo transacções automatizadas e sem confiança na cadeia de blocos.

Além disso, muitas plataformas de cadeia de blocos incorporam um mecanismo de governação para gerir as actualizações do protocolo e resolver litígios no âmbito da rede. Os modelos de governação variam entre as diferentes plataformas de cadeias de blocos e podem envolver mecanismos de votação ou outros processos de tomada de decisão.

Em geral, a estrutura de uma cadeia de blocos é um design complexo mas elegante que combina criptografia, algoritmos de consenso, redes peer-to-peer e contratos inteligentes para criar um livro-razão seguro, transparente e descentralizado para registar transacções e gerir activos digitais.

3.1. Blocos

Introdução à estrutura da cadeia de blocos: A cadeia de blocos é uma tecnologia de registo distribuído que armazena dados numa série de blocos, formando uma cadeia. Cada bloco contém um conjunto de transacções e está ligado ao bloco anterior, criando um registo cronológico das transacções.

Composição do bloco: Um bloco é normalmente composto por três componentes principais: um cabeçalho, uma lista de transacções e um hash criptográfico. O cabeçalho contém metadados como o registo de data e hora do bloco, uma referência ao hash do bloco anterior e um identificador único conhecido como nonce.

Dados de transação: A maior parte do bloco é composta pelas transacções reais. Essas transações representam a troca de ativos ou informações entre os participantes da rede. Elas podem incluir qualquer coisa, desde transferências de criptomoedas até execuções de contratos inteligentes.

Hashing: A cada bloco é atribuído um hash criptográfico, que é uma cadeia alfanumérica única gerada pela aplicação de um algoritmo de hashing aos dados do bloco. Este hash serve como uma impressão digital do bloco e garante a sua integridade. Mesmo uma pequena alteração nos dados do bloco resultaria num hash completamente diferente.

Ligação de blocos: Uma das caraterísticas que definem uma cadeia de blocos é a sua estrutura de blocos ligados. Cada bloco contém o hash do bloco anterior no seu cabeçalho, encadeando efetivamente os blocos. Isto cria um registo imutável e inviolável, uma vez que a alteração de qualquer bloco exigiria a alteração dos blocos subsequentes também.

Prova de trabalho/mecanismo de consenso: Muitas redes de cadeias de blocos utilizam um mecanismo de consenso como a prova de trabalho para validar e adicionar novos blocos à cadeia. Na prova de trabalho, os mineiros competem para resolver puzzles matemáticos complexos, sendo que o primeiro a resolvê-lo ganha o direito de adicionar um novo bloco. Este processo garante que a adição de novos blocos à cadeia consome muitos recursos, dificultando a alteração do historial da cadeia de blocos.

Tamanho e frequência dos blocos: O tamanho e a frequência dos blocos podem variar dependendo do protocolo blockchain. O Bitcoin, por exemplo, tem um limite de tamanho de bloco de 1MB e adiciona um novo bloco aproximadamente a cada 10 minutos. Outras cadeias de blocos podem ter parâmetros diferentes para otimizar factores como a taxa de transferência de transacções ou a descentralização.

Descentralização e segurança: Ao distribuir cópias da cadeia de blocos por uma rede de nós, a tecnologia de cadeia de blocos alcança a descentralização, eliminando a necessidade de uma autoridade central para supervisionar as transacções. Esta natureza descentralizada, juntamente com medidas de segurança criptográficas, torna a cadeia de blocos resistente à censura, fraude e adulteração, fornecendo uma base robusta para várias aplicações para além da moeda criptográfica.

3.2. Transacções

A estrutura das transacções de uma cadeia de blocos é fundamental para compreender o funcionamento desta tecnologia inovadora. Na sua essência, uma cadeia de blocos é um livro-razão distribuído que regista transacções através de uma rede de computadores de forma segura, transparente e imutável. Estas transacções formam os blocos de construção da cadeia de blocos, permitindo a transferência de activos digitais, dados ou informações entre participantes.

Dados de transação: Cada transação numa cadeia de blocos contém dados essenciais, incluindo o endereço do remetente, o endereço do destinatário, o montante do ativo que está a ser transferido e quaisquer metadados adicionais. Estes dados são assinados digitalmente utilizando técnicas criptográficas para garantir a autenticidade e a integridade.

ID da transação: Cada transação é identificada de forma única por um hash criptográfico, normalmente gerado utilizando algoritmos como o SHA-256. Este hash serve como uma impressão digital única para a transação, tornando-a fácil de verificar e referenciar na cadeia de blocos.

Entradas e saídas: As transacções consistem em entradas e saídas. As entradas referem-se às origens dos fundos que estão a ser gastos, normalmente operações anteriores em que o emissor recebeu activos. As saídas especificam para onde os activos estão a ser enviados e em que quantidades. O valor total das saídas deve ser igual ou inferior ao valor total das entradas para evitar a dupla despesa.

Carimbo de data/hora: Cada transação tem um carimbo de data/hora com a data e hora exactas em que ocorreu. Este carimbo de data/hora acrescenta uma dimensão temporal à cadeia de blocos, permitindo aos participantes rastrear a sequência de transacções e verificar a sua ordem cronológica.

Taxa de transação: Em muitas redes blockchain, as transacções podem incluir uma taxa paga pelo remetente para incentivar os mineiros ou validadores a incluir a transação num bloco. O valor da taxa é determinado por vários factores, como o congestionamento da rede e a prioridade da transação pretendida.

Estado da transação: As transacções podem ter diferentes estados, incluindo pendente, confirmada ou rejeitada. Quando uma transação é iniciada, entra num conjunto de transacções não confirmadas que aguardam validação pelos participantes da rede. Uma vez validada e incluída num bloco, a transação é considerada confirmada e passa a fazer parte do histórico imutável da cadeia de blocos.

Contratos inteligentes: Algumas plataformas de blockchain suportam contratos inteligentes, que são contratos auto-executáveis com regras e condições predefinidas codificadas diretamente na blockchain. As transacções que envolvem contratos inteligentes podem desencadear acções automatizadas, permitindo funcionalidades complexas, como aplicações descentralizadas (DApps) e dinheiro programável.

Privacidade e transparência: Embora as transacções em cadeia de blocos sejam transparentes e acessíveis ao público, também podem oferecer vários graus de privacidade, dependendo do protocolo e da implementação. Técnicas como as provas de conhecimento zero e as assinaturas em anel podem aumentar a privacidade das transacções, ofuscando os detalhes da transação e garantindo a sua validade e integridade.

Compreender a estrutura das transacções de cadeia de blocos é crucial para compreender a mecânica da tecnologia de cadeia de blocos e as suas diversas aplicações em sectores que vão desde as finanças e a gestão da cadeia de fornecimento até aos cuidados de saúde e à governação. Ao aprofundar os meandros da estrutura das transacções, os indivíduos e as organizações podem aproveitar todo o potencial da cadeia de blocos para inovar e transformar os processos tradicionais.

3.3. Rede Blockchain

A estrutura de uma rede blockchain é uma mistura fascinante de tecnologia, criptografia e mecanismos de consenso descentralizados. Na sua essência, uma cadeia de blocos é um livro-razão distribuído que regista transacções numa rede de computadores. Aqui está uma análise detalhada da sua estrutura:

Blocos: A cadeia de blocos é composta por blocos, cada um contendo um lote de transacções válidas. Estes blocos estão ligados entre si por ordem cronológica, formando uma cadeia. Cada bloco contém normalmente uma referência ao bloco anterior, criando um registo imutável das transacções.

Transacções: As transacções são as unidades fundamentais de atividade numa rede blockchain. Representam a transferência de activos ou dados entre participantes na rede. Cada transação contém informações como o remetente, o destinatário, o montante e uma assinatura digital para garantir a sua autenticidade.

Nós: Os nós são computadores ou dispositivos individuais ligados à rede blockchain. Estes nós mantêm uma cópia de toda a cadeia de blocos e participam no processo de validação de transacções e adição de novos blocos à cadeia. Os nós podem ser classificados como nós completos, que armazenam uma cópia completa da cadeia de blocos, ou nós leves, que dependem dos nós completos para a verificação das transacções.

Mecanismo de consenso: Os mecanismos de consenso são protocolos que permitem que os nós de uma rede blockchain cheguem a acordo sobre a validade das transacções e a ordem pela qual são adicionadas à blockchain. Os mecanismos de consenso populares incluem Prova de Trabalho (PoW), Prova de Participação (PoS), Prova de Participação Delegada (DPoS) e Tolerância Prática a Falhas Bizantinas (PBFT).

Descentralização: Uma das principais caraterísticas das redes blockchain é a descentralização, o que significa que o controlo e a tomada de decisões são distribuídos entre vários nós, em vez de serem centralizados numa única autoridade. A descentralização aumenta a segurança, a transparência e a resiliência, eliminando pontos únicos de falha e reduzindo o risco de censura ou manipulação.

Funções de hash criptográficas: As funções de hash criptográficas desempenham um papel crucial na segurança das redes de blockchain. Estas funções geram impressões digitais únicas, ou hashes, para cada bloco da cadeia. Os hashes são utilizados para ligar os blocos entre si e garantir a integridade da cadeia de blocos. Qualquer alteração nos dados de um bloco resultaria numa mudança no seu hash, alertando a rede para tentativas de adulteração.

Contratos inteligentes: Os contratos inteligentes são contratos auto-executáveis com os termos do acordo escritos diretamente no código. Eles permitem que aplicativos descentralizados (DApps) apliquem automaticamente acordos contratuais sem a necessidade de intermediários. Os contratos inteligentes são executados em plataformas de blockchain como a Ethereum e permitem uma ampla gama de casos de uso, incluindo finanças descentralizadas (DeFi), gerenciamento da cadeia de suprimentos e verificação de identidade digital.

Camadas de rede: As redes de cadeias de blocos são frequentemente compostas por várias camadas, cada uma com um objetivo específico. Estas camadas podem incluir a camada de protocolo central da cadeia de blocos, uma camada de rede para comunicação entre pares, uma camada de consenso para obter um acordo entre nós e uma camada de aplicação para implementar casos de utilização e funcionalidades específicas.

Em resumo, a estrutura de uma rede de cadeias de blocos é caracterizada pelo seu livro-razão distribuído, mecanismos de consenso, descentralização, segurança criptográfica e suporte para contratos inteligentes. Juntos, estes elementos formam um quadro robusto e transparente para a realização de transacções seguras e sem confiança através de uma rede global.

Conclusão:

Em conclusão, a estrutura de uma cadeia de blocos incorpora uma estrutura meticulosamente elaborada, concebida para garantir a transparência, a segurança e a descentralização das transacções digitais. No seu núcleo, a cadeia de blocos consiste em blocos interligados, cada um servindo de contentor para transacções e outros dados pertinentes. Estes blocos, meticulosamente organizados numa sequência cronológica, formam a espinha dorsal da rede blockchain. Dentro de cada bloco, um sofisticado arranjo de componentes orquestra a integridade e a imutabilidade do registo.

Um elemento fundamental na arquitectura da cadeia de blocos é o próprio bloco. Composto por vários componentes meticulosamente estruturados para preservar a integridade dos dados, cada bloco encapsula um conjunto de transacções, juntamente com metadados como carimbos de data/hora e ponteiros de hash criptográficos. A utilização de Árvores de Merkle reforça ainda mais a integridade das transacções dentro de um bloco, permitindo processos de verificação e validação eficientes.

As transacções, a força vital de qualquer rede blockchain, são submetidas a um rigoroso processo de estruturação para garantir a compatibilidade e a segurança. Os formatos das transacções são normalizados, permitindo uma interação perfeita entre os participantes na rede, respeitando os protocolos predefinidos. Além disso, os mecanismos de validação das transacções, aplicados por algoritmos de consenso, protegem contra actividades fraudulentas ou maliciosas, promovendo a confiança e a fiabilidade no ecossistema da cadeia de blocos.

Para além dos blocos e transacções individuais, a rede blockchain prospera com a participação colectiva dos seus nós. Estas entidades distribuídas funcionam como a pedra angular da descentralização, contribuindo cada uma delas para a validação e propagação de transacções na rede. Operando dentro de uma arquitetura peer-to-peer, os nós da cadeia de blocos envolvem-se numa relação simbiótica, colaborando para manter a integridade e a resiliência da rede sem depender de autoridades centrais.

Em essência, a estrutura de uma cadeia de blocos representa uma mudança de paradigma na forma como percebemos e nos envolvemos com as transacções digitais. Ao alavancar arquitecturas descentralizadas, princípios criptográficos e mecanismos de consenso, a tecnologia de cadeia de blocos transcende as fronteiras tradicionais, oferecendo um vislumbre de um futuro em que a confiança e a transparência são inerentes a todas as interações digitais. À medida que continuamos a explorar o vasto potencial da cadeia de blocos, é imperativo reconhecer a importância da sua estrutura subjacente na formação de um cenário digital mais equitativo e seguro.

Capítulo 4. Tipos de Blockchain

Introdução:

A tecnologia de cadeia de blocos evoluiu significativamente desde a sua criação em 2009, juntamente com a Bitcoin. Atualmente, existem vários tipos de plataformas de cadeia de blocos, cada uma com as suas caraterísticas e funcionalidades únicas. Um tipo proeminente é a cadeia de blocos pública, que funciona de forma aberta e transparente, permitindo a qualquer pessoa participar, visualizar e validar transacções. A Bitcoin e a Ethereum são os principais exemplos de cadeias de blocos públicas, permitindo transacções peer-to-peer descentralizadas e contratos inteligentes.

Ao contrário das cadeias de blocos públicas, as cadeias de blocos privadas são restritas apenas a utilizadores autorizados. Oferecem maior privacidade, controlo e escalabilidade, o que as torna adequadas para empresas e organizações que requerem controlos de acesso rigorosos e um maior volume de transacções. As cadeias de blocos privadas são frequentemente utilizadas para operações internas, gestão da cadeia de fornecimento e redes de consórcio em que as partes necessitam de partilhar dados sensíveis de forma segura.

Outro tipo notável é o consórcio ou as cadeias de blocos federadas, que são redes semi-descentralizadas controladas por um grupo de nós pré-selecionados. As cadeias de blocos de consórcio estabelecem um equilíbrio entre a abertura das cadeias de blocos públicas e o controlo das privadas. Encontram aplicações em sectores como o financeiro, em que várias organizações colaboram mantendo determinados níveis de confiança e controlo sobre a rede.

As blockchains híbridas combinam elementos de blockchains públicas e privadas, oferecendo versatilidade em termos de escalabilidade, privacidade e descentralização. Essas cadeias de blocos aproveitam os pontos fortes das redes públicas para transparência e imutabilidade, incorporando recursos privados para casos de uso específicos. As cadeias de blocos híbridas destinam-se a diversas aplicações, incluindo cuidados de saúde, sistemas de votação e gestão da cadeia de abastecimento, em que uma combinação de segurança e acessibilidade é crucial.

Outro tipo emergente são as cadeias de blocos sem permissão, que permitem que qualquer pessoa participe na rede sem necessitar de permissão explícita. Embora semelhantes às cadeias de blocos públicas, as cadeias de blocos sem permissão apresentam frequentemente mecanismos de consenso e modelos de governação diferentes. Permitem que os indivíduos contribuam para a segurança e governação da rede, promovendo a descentralização e a inclusão.

As blockchains com permissão, por outro lado, impõem controlos de acesso, exigindo que os participantes obtenham autorização antes de aderirem à rede. Estas cadeias de blocos dão prioridade aos requisitos de segurança, conformidade e regulamentação, tornando-as adequadas para sectores com estruturas de governação rigorosas, como os sectores financeiro, da saúde e governamental. As blockchains com permissão oferecem soluções personalizadas para aplicações empresariais, garantindo a integridade e a responsabilidade dos dados.

As sidechains e as soluções de camada 2 são abordagens inovadoras que visam melhorar a escalabilidade e a interoperabilidade nos ecossistemas de blockchain. As cadeias laterais permitem a criação de cadeias de blocos paralelas ligadas à cadeia de blocos principal, permitindo um processamento de transacções mais rápido e funcionalidades especializadas. As soluções da camada 2, como os canais de pagamento e os canais de estado, facilitam as transacções fora da cadeia, tirando partido da segurança da cadeia de blocos subjacente.

Em resumo, os diversos tipos de plataformas de blockchain atendem a uma ampla gama de casos de uso, desde redes públicas que permitem finanças descentralizadas e moedas digitais até blockchains privadas e de consórcio que facilitam soluções empresariais. À medida que a tecnologia blockchain continua a evoluir, os modelos híbridos, as redes sem permissão e as soluções de escalabilidade desempenharão um papel fundamental na definição do futuro das aplicações descentralizadas e das economias digitais.

4.1. Cadeia de blocos pública

As cadeias de blocos públicas são um dos principais tipos de redes de cadeias de blocos, caracterizadas pela sua abertura e acessibilidade a qualquer pessoa. Estas cadeias de blocos são descentralizadas e sem permissões, o que significa que qualquer pessoa pode participar na rede, ler as transacções registadas na cadeia de blocos e verificar a sua validade. A Bitcoin, a criptomoeda pioneira, funciona numa cadeia de blocos pública, o que a torna transparente e resistente à censura. Uma das principais caraterísticas das cadeias de blocos públicas é a sua segurança, conseguida através de mecanismos de consenso como a Prova de Trabalho (PoW) ou a Prova de Participação (PoS). Estes mecanismos asseguram que as transacções são validadas e adicionadas à cadeia de blocos de uma forma sem confiança, sem a necessidade de uma autoridade central.

As cadeias de blocos públicas proporcionam um elevado nível de transparência, uma vez que todo o histórico de transacções é visível para qualquer pessoa com acesso à Internet. Esta transparência promove a confiança entre os participantes e permite a responsabilização dentro da rede. Além disso, as cadeias de blocos públicas oferecem condições de igualdade a todos os utilizadores, independentemente da sua localização geográfica ou situação financeira. Qualquer pessoa com uma ligação à Internet e o hardware necessário pode participar na rede, permitindo que os indivíduos efectuem transacções financeiras e acedam a serviços sem a necessidade de intermediários.

Outra caraterística das cadeias de blocos públicas é a sua imutabilidade. Quando uma transação é registada na cadeia de blocos e confirmada pela rede, torna-se praticamente impossível alterá-la ou apagá-la. Esta imutabilidade garante a integridade dos dados armazenados na cadeia de blocos, tornando-a resistente a adulterações ou fraudes. Como resultado, as cadeias de blocos públicas estão a ser cada vez mais exploradas para aplicações que vão além da criptomoeda, como a gestão da cadeia de fornecimento, sistemas de votação e finanças descentralizadas (DeFi).

Apesar das suas muitas vantagens, as cadeias de blocos públicas também enfrentam alguns desafios. A escalabilidade é uma das principais preocupações, uma vez que a capacidade de transação da maioria das cadeias de blocos públicas é limitada em comparação com os sistemas de pagamento tradicionais, como o Visa ou o Mastercard. Além disso, o consumo de energia associado a mecanismos de consenso como o PoW suscitou preocupações ambientais. Estão a ser envidados esforços para resolver estas questões através do desenvolvimento de soluções de escalonamento de nível 2 e da transição para algoritmos de consenso mais eficientes em termos energéticos.

Em conclusão, as cadeias de blocos públicas desempenham um papel crucial no desenvolvimento de aplicações descentralizadas e no ecossistema mais vasto das cadeias de blocos. A sua transparência, segurança e acessibilidade fazem delas uma ferramenta poderosa para promover a confiança e permitir a inovação em vários sectores. Embora enfrentem desafios como a escalabilidade e o consumo de energia, os esforços de investigação e desenvolvimento em curso visam ultrapassar estes obstáculos e libertar todo o potencial das cadeias de blocos públicas em benefício da sociedade.

4.2. Cadeia de blocos privada

Uma cadeia de blocos privada, em contraste com as cadeias de blocos públicas como a Bitcoin e a Ethereum, funciona dentro dos limites de uma única organização ou de um grupo de organizações com um interesse partilhado. É frequentemente referida como uma cadeia de blocos autorizada, uma vez que o acesso para participar na rede e validar transacções é restrito a um grupo selecionado de participantes. No domínio das cadeias de blocos privadas, surgem vários tipos, cada um oferecendo caraterísticas e funcionalidades distintas adaptadas a casos de utilização específicos.

Em primeiro lugar, existe a Blockchain de consórcio, em que várias organizações formam um consórcio para governar conjuntamente a rede. Ao contrário das blockchains públicas, onde qualquer pessoa pode aderir, as blockchains de consórcio limitam o acesso a um conjunto predeterminado de participantes, normalmente entidades dentro de um sector ou ecossistema específico. Este modelo garante uma maior eficiência e escalabilidade em comparação com as cadeias de blocos públicas, mantendo ao mesmo tempo um grau de descentralização e confiança entre os membros do consórcio.

Em segundo lugar, temos a Blockchain Federada, que funciona sob o controlo de um grupo de entidades pré-selecionadas que actuam como validadores. Estes validadores são normalmente membros conhecidos e de confiança dentro de uma rede, e determinam coletivamente o mecanismo de consenso e validam as transacções. As cadeias de blocos federadas oferecem um maior rendimento e escalabilidade das transacções em comparação com as cadeias de blocos públicas, o que as torna adequadas para aplicações empresariais que exigem elevado desempenho e privacidade.

Outro tipo é a cadeia de blocos híbrida, que combina as caraterísticas das cadeias de blocos públicas e privadas. Numa blockchain híbrida, alguns aspectos da rede são públicos, permitindo transparência e descentralização, enquanto outros aspectos são privados, permitindo um maior controlo sobre a privacidade dos dados e as permissões de acesso. Este modelo oferece flexibilidade e versatilidade, atendendo a uma ampla gama de casos de utilização em vários sectores.

Depois, há o Blockchain Permissionado, em que o acesso à rede é restrito apenas a participantes autorizados. Ao contrário das blockchains públicas, em que qualquer pessoa pode participar no processo de consenso, as blockchains com permissão exigem que os utilizadores passem por um processo de verificação e obtenham permissão dos administradores da rede. Este modelo dá prioridade à privacidade e segurança, tornando-o ideal para aplicações empresariais que lidam com dados sensíveis e requerem controlos de acesso rigorosos.

Continuando, a Blockchain Centralizada representa uma blockchain privada em que uma única entidade ou organização mantém o controlo total sobre a rede. Embora esse modelo possa não ter alguns dos benefícios de descentralização associados à tecnologia blockchain, ele oferece eficiência, escalabilidade e a capacidade de impor medidas rígidas de governança e conformidade. As cadeias de blocos centralizadas são normalmente utilizadas em ambientes empresariais onde o controlo centralizado é preferido ou exigido por requisitos regulamentares.

Além disso, temos a Sidechain, que opera ao lado de uma blockchain principal, permitindo a execução de tarefas ou processos específicos sem congestionar a cadeia principal. As sidechains permitem maior escalabilidade e interoperabilidade, mantendo um grau de descentralização. Elas são particularmente úteis para implementar funcionalidades especializadas ou experimentar novos recursos sem afetar o desempenho da blockchain principal.

Outro tipo notável é o Asset-backed Blockchain, em que os activos digitais são tokenizados e representados na blockchain. Estes activos podem variar entre instrumentos financeiros tradicionais, como acções e obrigações, e activos do mundo real, como imóveis ou mercadorias. As cadeias de blocos apoiadas por activos oferecem maior liquidez, propriedade fraccionada e transparência na gestão de activos, abrindo novas oportunidades de investimento e inovação financeira.

Por último, a cadeia de blocos empresarial engloba várias soluções privadas de cadeia de blocos concebidas especificamente para aplicações empresariais. Estas soluções integram-se frequentemente com os sistemas empresariais existentes e centram-se no aumento da eficiência, transparência e segurança em processos empresariais como a gestão da cadeia de abastecimento, a verificação da identidade e os pagamentos transfronteiriços. As cadeias de blocos empresariais são concebidas para cumprir os requisitos únicos e as normas de conformidade regulamentar das grandes organizações, tornando-as ferramentas indispensáveis para as iniciativas de transformação digital.

Em conclusão, as cadeias de blocos privadas abrangem um conjunto diversificado de tipos, cada um oferecendo caraterísticas e capacidades únicas adequadas a diferentes casos de utilização e indústrias. De blockchains de consórcio e federadas a modelos híbridos e com permissão, as blockchains privadas fornecem às organizações a flexibilidade, a escalabilidade e a segurança necessárias para aproveitar a tecnologia blockchain de forma eficaz no cenário digital atual.

4.3. Cadeia de blocos do consórcio

As blockchains de consórcio representam uma faceta única do cenário de blockchain, oferecendo vantagens e aplicações distintas em comparação com suas contrapartes públicas e privadas. Em essência, as blockchains de consórcio são redes semi-descentralizadas em que várias organizações ou entidades controlam o processo de consenso. Aqui está uma exploração deste intrigante tipo de blockchain:

Definição e estrutura: As blockchains de consórcio caracterizam-se por uma abordagem colaborativa à governação. Envolvem um grupo predefinido de participantes, muitas vezes empresas ou instituições com interesses mútuos, que mantêm a rede. Ao contrário das cadeias de blocos públicas, em que qualquer pessoa pode participar, e das cadeias de blocos privadas, controladas por uma única entidade, as cadeias de blocos de consórcios estabelecem um equilíbrio entre abertura e controlo.

Eficiência aprimorada: Uma das principais razões pelas quais as organizações optam por blockchains de consórcio é o seu potencial para simplificar as operações. Ao reunir recursos e partilhar infra-estruturas, os participantes podem alcançar uma maior eficiência em vários processos, como a gestão da cadeia de fornecimento, transacções financeiras ou partilha de dados.

Acesso com permissão: As cadeias de blocos de consórcio empregam normalmente o acesso com permissão, o que significa que apenas as entidades aprovadas podem aderir à rede. Isto garante um certo nível de confiança entre os participantes e facilita a conformidade com os requisitos regulamentares, uma consideração crucial para sectores como as finanças e os cuidados de saúde.

Mecanismos de consenso: Embora as blockchains de consórcio sejam descentralizadas até certo ponto, não dependem da participação generalizada de utilizadores anónimos para o consenso. Em vez disso, empregam frequentemente mecanismos de consenso mais eficientes, como a Prova de Autoridade (PoA) ou a Tolerância Prática a Falhas Bizantinas (PBFT), em que nós ou entidades designadas validam transacções.

Segurança melhorada: Com um conjunto predefinido de participantes de confiança, as blockchains de consórcio podem alcançar níveis mais elevados de segurança em comparação com as blockchains públicas. Uma vez que o processo de consenso é controlado por um grupo selecionado, a rede é menos suscetível a ataques ou actividades maliciosas.

Partilha de custos: Participar de um consórcio de blockchain permite que as organizações compartilhem os custos associados à manutenção da infraestrutura de rede. Isto pode ser particularmente vantajoso para os intervenientes mais pequenos que podem não ter os recursos para implementar e gerir uma cadeia de blocos privada por si próprios.

Manutenção da confidencialidade: Embora as blockchains de consórcio envolvam vários participantes, elas ainda priorizam a confidencialidade de informações confidenciais. Através da utilização de encriptação e controlos de acesso, as partes podem salvaguardar os seus dados enquanto beneficiam da infraestrutura partilhada e do ambiente de colaboração.

Casos de utilização: As blockchains de consórcio encontram aplicações em vários sectores, incluindo a gestão da cadeia de abastecimento, os cuidados de saúde, a logística e as finanças. Por exemplo, uma cadeia de blocos de consórcio pode ser utilizada para rastrear a proveniência de bens numa cadeia de fornecimento, permitindo uma documentação transparente e à prova de adulteração de cada passo no processo de produção e distribuição.

Em conclusão, as blockchains de consórcio oferecem um meio-termo atraente entre as blockchains públicas e privadas, proporcionando às organizações os benefícios da tecnologia descentralizada, mantendo um grau de controlo e privacidade. Ao promover a colaboração entre entidades de confiança, estas redes de blockchain têm o potencial de revolucionar os ecossistemas da indústria e impulsionar a inovação em diversos sectores.

Conclusão:

Em conclusão, a exploração de vários tipos de cadeias de blocos oferece informações valiosas sobre as suas diversas aplicações e implicações. A discussão começou com uma análise das cadeias de blocos públicas, que são redes descentralizadas acessíveis a qualquer pessoa. Exemplos como o Bitcoin e o Ethereum destacam a sua utilidade para permitir transacções transparentes e sem confiança. As cadeias de blocos públicas oferecem vantagens como a imutabilidade, a segurança e a resistência à censura, tornando-as adequadas para aplicações como a moeda criptográfica, as finanças descentralizadas e a gestão da cadeia de abastecimento. No entanto, também enfrentam limitações em termos de escalabilidade, velocidade de transação e privacidade, o que coloca desafios à sua adoção generalizada em determinados contextos.

Ao passarmos para as cadeias de blocos privadas, observámos as suas caraterísticas distintas centradas no acesso autorizado e no controlo centralizado. Estas caraterísticas tornam as cadeias de blocos privadas adequadas para empresas que procuram tirar partido da tecnologia de cadeias de blocos em ambientes controlados. Casos de uso em setores como finanças, saúde e governo mostram seu potencial para melhorar a integridade, a eficiência e a interoperabilidade dos dados. No entanto, a dependência de entidades de confiança e a acessibilidade limitada podem impedir a concretização dos princípios fundamentais de descentralização e abertura da cadeia de blocos, afectando a sua aplicabilidade em determinados cenários.

Além disso, as cadeias de blocos de consórcio surgiram como uma abordagem híbrida que combina elementos de cadeias de blocos públicas e privadas. Definidas pela sua natureza colaborativa entre um grupo selecionado de participantes, as blockchains de consórcio oferecem controlo partilhado e mecanismos de governação personalizáveis. Os seus casos de utilização abrangem sectores como a gestão da cadeia de abastecimento, o imobiliário e a propriedade intelectual, em que várias partes interessadas procuram colaborar, mantendo a privacidade dos dados e a conformidade regulamentar. No entanto, os desafios relacionados com a governação, os mecanismos de consenso e a interoperabilidade persistem, exigindo uma análise cuidadosa para uma implementação bem sucedida.

Na sua essência, o panorama das cadeias de blocos é multifacetado, acomodando um espetro de casos de utilização e requisitos. Cada tipo - público, privado e de consórcio - apresenta o seu próprio conjunto de benefícios e limitações, moldando a sua adequação a diferentes aplicações e indústrias. À medida que a tecnologia continua a evoluir e a amadurecer, abordar estes desafios será essencial para desbloquear todo o potencial da blockchain para revolucionar vários sectores e capacitar ecossistemas descentralizados. Seja promovendo a inclusão financeira, aumentando a transparência da cadeia de suprimentos ou simplificando processos burocráticos, entender as nuances dos diferentes tipos de blockchain é crucial para impulsionar a inovação significativa e o progresso social na era digital.

Capítulo 5. Aplicações da cadeia de blocos

Introdução:

A tecnologia Blockchain ganhou uma atenção significativa para além da sua aplicação original em criptomoedas como a Bitcoin. A sua natureza descentralizada e imutável torna-a adequada para várias aplicações em diversos sectores. Aqui estão oito aplicações convincentes da tecnologia blockchain:

Para além das criptomoedas, a cadeia de blocos facilita transacções mais rápidas e mais seguras. Permite a liquidação instantânea das transacções, reduzindo a necessidade de intermediários, diminuindo assim os custos e aumentando a transparência dos serviços financeiros.

A cadeia de blocos aumenta a transparência e a rastreabilidade nas cadeias de abastecimento. Cada transação ou movimento de bens pode ser registado na cadeia de blocos, fornecendo um histórico imutável do percurso do produto desde o fabricante até ao consumidor. Isto garante a autenticidade, reduz a fraude e permite recolhas mais rápidas, se necessário.

A cadeia de blocos protege os dados dos pacientes, garantindo a privacidade e a integridade. Os registos médicos electrónicos armazenados numa cadeia de blocos podem ser acedidos de forma segura por pessoal autorizado, facilitando a interoperabilidade entre diferentes prestadores de cuidados de saúde e mantendo a privacidade do paciente.

A cadeia de blocos pode revolucionar os processos de verificação de identidade. Fornece uma forma segura e inviolável de armazenar e verificar identidades, reduzindo o risco de roubo de identidade e fraude. Os indivíduos têm um maior controlo sobre as suas informações pessoais, partilhando apenas o que é necessário para transacções específicas.

Os contratos inteligentes são contratos auto-executáveis com os termos do acordo diretamente escritos no código. A Blockchain facilita a implementação de contratos inteligentes, automatizando processos e reduzindo a necessidade de intermediários. Isto aumenta a eficiência, reduz os custos e minimiza o risco de erros ou litígios.

A cadeia de blocos pode melhorar a segurança e a transparência dos sistemas de votação. Ao registar os votos numa cadeia de blocos, torna-se quase impossível adulterar ou manipular os resultados. Isto aumenta a confiança no processo eleitoral e aumenta a participação dos eleitores.

A cadeia de blocos proporciona uma forma segura de registar e proteger os direitos de propriedade intelectual. Ao marcar o tempo e registar as criações na cadeia de blocos, os criadores podem provar a propriedade e estabelecer um registo verificável do seu trabalho, reduzindo os litígios sobre propriedade intelectual.

As plataformas de Internet descentralizadas baseadas em cadeias de blocos visam dar aos utilizadores um maior controlo sobre os seus dados e interações em linha. Estas plataformas utilizam a cadeia de blocos para armazenar e verificar dados, garantindo a privacidade e a segurança sem depender de entidades centralizadas.

Em conclusão, a tecnologia blockchain oferece uma vasta gama de aplicações para além das criptomoedas, revolucionando as indústrias ao aumentar a segurança, a transparência e a eficiência. À medida que a tecnologia continua a evoluir, o seu potencial para perturbar os sistemas e processos tradicionais só irá aumentar, conduzindo a um mundo mais descentralizado e interligado.

5.1. Criptomoedas

A tecnologia Blockchain, popularizada principalmente por criptomoedas como o Bitcoin, transcendeu o seu objetivo inicial de permitir moedas digitais. As suas aplicações vão muito para além do domínio das finanças, prometendo revolucionar várias indústrias. Uma das aplicações mais significativas do blockchain está na gestão da cadeia de suprimentos. Ao fornecer um registo imutável das transacções, a cadeia de blocos garante a transparência e a rastreabilidade ao longo de todo o processo da cadeia de abastecimento, desde o abastecimento de matérias-primas até à entrega final. Isto aumenta a confiança entre as partes interessadas e reduz o risco de fraude ou contrafação.

Além disso, a tecnologia blockchain está a remodelar a forma como abordamos a gestão e a verificação da identidade. Os sistemas de identidade tradicionais são muitas vezes centralizados, vulneráveis a pirataria informática e carecem de controlo do utilizador sobre os dados pessoais. A Blockchain oferece uma alternativa descentralizada, em que os indivíduos têm propriedade e controlo sobre as suas identidades digitais, o que leva a uma maior privacidade e segurança.

No domínio dos cuidados de saúde, a cadeia de blocos tem o potencial de simplificar a gestão de dados, garantindo a integridade e a confidencialidade dos registos médicos. Os pacientes podem partilhar de forma segura os seus dados de saúde com os prestadores de cuidados de saúde, facilitando diagnósticos mais precisos e planos de tratamento personalizados. Além disso, os sistemas baseados na cadeia de blocos podem atenuar as questões relacionadas com a interoperabilidade e os silos de dados que afectam o sector dos cuidados de saúde.

Outra área em que a cadeia de blocos está a fazer ondas é no domínio dos sistemas de votação. Ao tirar partido das propriedades de resistência à adulteração da cadeia de blocos, os países estão a explorar a utilização da cadeia de blocos para eleições seguras e transparentes. Os sistemas de votação baseados em blockchain podem aumentar a confiança dos eleitores, impedir a adulteração dos resultados eleitorais e permitir a votação remota ou online, mantendo a integridade do processo eleitoral.

No domínio dos direitos de propriedade intelectual, a tecnologia de cadeia de blocos oferece uma solução para questões como a violação de direitos de autor e a pirataria. Ao registar a data e encriptar as transacções de propriedade intelectual na cadeia de blocos, os criadores podem provar a propriedade e proteger o seu trabalho contra a utilização ou reprodução não autorizadas. Isto tem implicações profundas em sectores como os media, o entretenimento e o desenvolvimento de software.

Além disso, a blockchain está a revolucionar a forma como abordamos as finanças descentralizadas (DeFi). Através de contratos inteligentes, a cadeia de blocos permite a automatização de transacções financeiras sem a necessidade de intermediários como os bancos. Isso facilita serviços financeiros mais rápidos, mais baratos e mais inclusivos, como empréstimos, empréstimos e negociações, acessíveis a qualquer pessoa com uma conexão à Internet.

No domínio do imobiliário, a blockchain está a simplificar as transacções imobiliárias através da digitalização de activos e da automatização de processos como transferências de títulos e acordos de caução. Isto reduz o tempo e os custos associados às transacções imobiliárias tradicionais, minimizando o risco de fraude.

Por último, a tecnologia de cadeia de blocos está a impulsionar a inovação no sector da energia, em particular na área do comércio de energias renováveis. Através de plataformas baseadas em cadeias de blocos, os indivíduos e as organizações podem comprar, vender e transacionar créditos de energias renováveis de uma forma transparente e eficiente. Isto incentiva a adoção de fontes de energia renováveis e contribui para a transição para um futuro energético mais sustentável.

Em conclusão, embora as criptomoedas possam ter sido a primeira aplicação da tecnologia de cadeia de blocos, o seu potencial vai muito para além das moedas digitais. Da gestão da cadeia de abastecimento aos cuidados de saúde, dos sistemas de votação aos direitos de propriedade intelectual, a cadeia de blocos está a revolucionar várias indústrias, oferecendo soluções para problemas antigos e abrindo caminho para um futuro mais transparente, seguro e eficiente.

5.2. Contratos inteligentes

Os contratos inteligentes, uma das aplicações mais promissoras da tecnologia blockchain, estão a revolucionar várias indústrias, automatizando e aplicando acordos sem a necessidade de intermediários. Estes contratos auto-executáveis são codificados com regras e condições predefinidas, facilitando transacções transparentes, seguras e imutáveis. Uma área significativa que beneficia dos contratos inteligentes é a financeira. Permitem plataformas financeiras descentralizadas (DeFi), permitindo que os utilizadores acedam a serviços financeiros, tais como empréstimos, empréstimos e negociação diretamente sem intermediários como os bancos. Isso não apenas reduz os custos, mas também aumenta a acessibilidade, especialmente para populações carentes que não dispõem de serviços bancários tradicionais.

Outro domínio que está a adotar os contratos inteligentes é a gestão da cadeia de abastecimento. Ao registar cada passo do processo da cadeia de abastecimento numa cadeia de blocos, os contratos inteligentes garantem transparência e rastreabilidade. Isto permite que as partes interessadas acompanhem o movimento de mercadorias em tempo real, verifiquem a autenticidade dos produtos e automatizem os pagamentos quando as condições predefinidas são cumpridas. Isto aumenta a eficiência, reduz a fraude e minimiza os erros, optimizando assim todo o ecossistema da cadeia de abastecimento.

O sector imobiliário também está a sofrer uma transformação através dos contratos inteligentes. As transacções imobiliárias tradicionais envolvem intermediários como agentes, advogados e serviços de caução, o que provoca atrasos e custos elevados. Os contratos inteligentes simplificam este processo, automatizando tarefas como a verificação da propriedade, a transferência de títulos e a execução de pagamentos. Isto não só acelera o processo de transação, como também reduz o risco de fraude e garante uma maior transparência nas transacções imobiliárias.

Os contratos inteligentes também estão a dar passos significativos nos cuidados de saúde. Permitem o armazenamento seguro e a partilha de dados dos doentes entre os prestadores de cuidados de saúde, garantindo simultaneamente a privacidade e a conformidade com os regulamentos. Além disso, os contratos inteligentes podem automatizar o processamento de pedidos de indemnização de seguros, facilitando reembolsos mais rápidos e reduzindo as despesas administrativas. Isto melhora a eficiência geral dos sistemas de saúde e melhora a experiência dos pacientes.

A indústria do entretenimento é outro sector que está a aproveitar o poder dos contratos inteligentes. Os criadores de conteúdos, como músicos e artistas, podem utilizar contratos inteligentes para gerir royalties e direitos de autor de forma transparente. Ao automatizar os pagamentos de royalties com base em termos predefinidos, os artistas podem garantir uma compensação justa pelo seu trabalho, eliminando a necessidade de intermediários, dando assim poder aos criadores e promovendo um ecossistema mais equitativo.

Os contratos inteligentes também estão a ser explorados nos sistemas de governação e de votação. Ao utilizar a tecnologia blockchain, os governos e as organizações podem realizar eleições com maior segurança, transparência e integridade. Cada voto é registado de forma imutável na cadeia de blocos, impedindo a adulteração ou manipulação. Além disso, os contratos inteligentes podem automatizar o processo de contagem, fornecendo resultados instantâneos e precisos, aumentando assim a confiança nos processos democráticos.

O sector dos seguros também está pronto para ser perturbado pelos contratos inteligentes. Ao aproveitar a tecnologia blockchain, as seguradoras podem automatizar o processamento de sinistros, verificar a autenticidade dos sinistros e executar pagamentos sem problemas. Isso reduz o potencial de fraude e simplifica todo o processo de gerenciamento de sinistros, levando a resoluções mais rápidas e maior satisfação do cliente.

Por último, os contratos inteligentes têm um enorme potencial no domínio da gestão da identidade. Os sistemas de identidade tradicionais são centralizados, o que os torna vulneráveis a violações de dados e roubo de identidade. Os contratos inteligentes oferecem uma alternativa descentralizada e segura, permitindo que os indivíduos mantenham o controlo sobre as suas identidades digitais. Através de soluções de identidade baseadas em blockchain, os utilizadores podem gerir e partilhar de forma segura as suas informações pessoais, concedendo acesso apenas a partes autorizadas, aumentando assim a privacidade e a segurança no domínio digital.

Em conclusão, os contratos inteligentes estão a revolucionar vários sectores, automatizando processos, aumentando a transparência e reduzindo custos. Desde as finanças e a gestão da cadeia de fornecimento até aos cuidados de saúde e ao entretenimento, as aplicações dos contratos inteligentes são diversas e de grande alcance. À medida que a tecnologia de blockchain continua a amadurecer, os contratos inteligentes estão prontos para se tornarem ainda mais essenciais para a economia digital, abrindo caminho para um futuro mais eficiente, seguro e descentralizado.

5.3. Gestão da cadeia de abastecimento

A tecnologia Blockchain tem atraído uma atenção significativa pelas suas potenciais aplicações na gestão da cadeia de abastecimento. As cadeias de abastecimento são redes complexas que envolvem várias partes, desde fabricantes e fornecedores a distribuidores e retalhistas. Aqui estão oito maneiras pelas quais a blockchain pode revolucionar o gerenciamento da cadeia de suprimentos:

Transparência e rastreabilidade: A cadeia de blocos fornece um livro-razão imutável onde as transacções podem ser registadas em tempo real. Isto permite às partes interessadas rastrear o percurso dos produtos desde a sua origem até ao consumidor final. Cada transação é registada no tempo e não pode ser alterada, garantindo transparência e autenticidade em toda a cadeia de abastecimento.

Controlo de proveniência: Com a blockchain, torna-se mais fácil verificar a autenticidade e a origem dos produtos. Isto é particularmente crucial para indústrias como a alimentar e a farmacêutica, onde o conhecimento da proveniência dos produtos pode garantir a conformidade com os regulamentos de segurança e ajudar a resolver problemas como os produtos contrafeitos.

Gestão de inventário: O Blockchain facilita o rastreamento em tempo real do inventário em toda a cadeia de suprimentos. Ao registar as transacções relacionadas com os movimentos de inventário, as empresas podem otimizar os níveis de inventário, reduzir as rupturas de stock e minimizar o excesso de inventário, o que conduz a poupanças de custos e a uma maior eficiência.

Contratos inteligentes: Os contratos inteligentes são contratos auto-executáveis com os termos do acordo diretamente escritos no código. Na gestão da cadeia de fornecimento, os contratos inteligentes podem automatizar vários processos, como liquidações de pagamentos, cumprimento de encomendas e verificações de conformidade, simplificando as operações e reduzindo a necessidade de intermediários.

Segurança reforçada: As cadeias de suprimentos tradicionais são suscetíveis a fraudes, roubos e violações de dados. Os recursos criptográficos do Blockchain garantem a segurança dos dados criptografando as transações e armazenando-as em uma rede descentralizada de nós. Isso torna extremamente difícil para as partes não autorizadas adulterarem os dados, aumentando assim a segurança das transações da cadeia de suprimentos.

Melhoria da eficiência e redução de custos: Ao eliminar a papelada manual, reduzir as tarefas administrativas e automatizar os processos através de contratos inteligentes, a cadeia de blocos pode aumentar significativamente a eficiência das operações da cadeia de fornecimento. Este aumento da eficiência traduz-se em poupanças de custos para as empresas envolvidas na cadeia de abastecimento.

Gestão de fornecedores e conformidade: A Blockchain permite que as empresas mantenham um registo seguro e transparente das informações, certificações e documentos de conformidade dos fornecedores. Isto simplifica o processo de integração de fornecedores, garante a adesão aos requisitos regulamentares e reduz o risco de trabalhar com fornecedores não conformes ou antiéticos.

Fornecimento sustentável e ético: A Blockchain pode desempenhar um papel crucial na promoção da sustentabilidade e de práticas de abastecimento ético nas cadeias de abastecimento. Ao proporcionar uma visibilidade transparente em cada fase da cadeia de abastecimento, as empresas podem garantir que os produtos são adquiridos de forma responsável, satisfazendo assim a procura dos consumidores por bens produzidos de forma ética.

Em conclusão, a tecnologia de cadeia de blocos tem o potencial de transformar a gestão da cadeia de abastecimento, melhorando a transparência, a rastreabilidade, a eficiência e a segurança. A sua adoção pode conduzir a cadeias de abastecimento mais resilientes, sustentáveis e éticas, que beneficiam as empresas, os consumidores e a sociedade em geral.

Conclusão:

Em conclusão, as aplicações da tecnologia blockchain abrangem vários sectores, oferecendo soluções transformadoras para desafios de longa data. Na vanguarda destas aplicações está o domínio das criptomoedas, que revolucionou as transacções financeiras. A Bitcoin, a criptomoeda pioneira, introduziu o conceito de moeda digital descentralizada, desafiando os sistemas bancários tradicionais e oferecendo uma alternativa descentralizada para transacções financeiras. O Ethereum, com as suas capacidades de contrato inteligente, expandiu ainda mais as possibilidades ao permitir contratos programáveis e auto-executáveis, automatizando assim os processos e reduzindo a necessidade de intermediários.

Os contratos inteligentes, uma pedra angular da tecnologia de cadeia de blocos, têm um potencial imenso para além das transacções financeiras. A sua definição e funcionalidade permitem a execução de acções predefinidas automaticamente quando determinadas condições são cumpridas, permitindo uma vasta gama de casos de utilização em todos os sectores. Desde o processamento de pedidos de indemnização de seguros a transacções imobiliárias, os contratos inteligentes simplificam processos, reduzem custos e minimizam o risco de fraude ou erro.

Além disso, o impacto da cadeia de blocos estende-se à gestão da cadeia de abastecimento, onde aborda questões de rastreabilidade, transparência e prevenção de contrafacções. Ao registar todas as transacções num livro-razão imutável, a cadeia de blocos garante a transparência em toda a cadeia de abastecimento, permitindo que as partes interessadas acompanhem o percurso dos produtos desde a sua origem até ao consumidor final. Isto não só aumenta a responsabilidade, como também reduz os riscos associados aos produtos contrafeitos, salvaguardando assim a segurança do consumidor e a reputação da marca.

No domínio da gestão da cadeia de abastecimento, o potencial da cadeia de blocos para a rastreabilidade e transparência é inestimável, particularmente nas indústrias onde a proveniência e autenticidade do produto são fundamentais. Ao tirar partido da tecnologia blockchain, as empresas podem criar confiança junto dos consumidores, fornecendo registos imutáveis do percurso de um produto, desde as matérias-primas até ao produto acabado. Este nível de transparência não só aumenta a confiança dos consumidores, como também permite medidas mais eficientes de recolha e controlo de qualidade.

Além disso, a capacidade da blockchain para evitar a contrafação de produtos é crucial em indústrias como a farmacêutica, onde os medicamentos contrafeitos representam riscos significativos para a saúde pública. Ao implementar soluções baseadas em blockchain, as empresas podem criar um registo seguro e inviolável do fabrico, distribuição e venda de cada produto farmacêutico, garantindo que os produtos contrafeitos são facilmente identificados e retirados de circulação.

Em conclusão, as aplicações da tecnologia de cadeia de blocos oferecem soluções inovadoras para uma miríade de desafios em vários sectores. Desde a revolução das transacções financeiras com criptomoedas como a Bitcoin e a Ethereum até ao aumento da transparência e da rastreabilidade na gestão da cadeia de fornecimento, o potencial da cadeia de blocos é vasto e de grande alcance. À medida que as empresas e as indústrias continuam a explorar e a implementar soluções de cadeia de blocos, a tecnologia promete transformar os processos tradicionais, melhorar a eficiência e promover a confiança num mundo cada vez mais digital.

Capítulo 6. Desafios e tendências futuras

Introdução:

A tecnologia Blockchain anunciou uma nova era de sistemas descentralizados e transparentes, prometendo mudanças revolucionárias em vários sectores. No entanto, a sua adoção generalizada enfrenta vários desafios e incertezas, a par de tendências futuras promissoras. Compreender essa dinâmica é crucial para navegar no complexo cenário da tecnologia blockchain.

Em primeiro lugar, a escalabilidade continua a ser um desafio significativo. À medida que as redes de cadeias de blocos crescem, a sua capacidade de lidar com transacções torna-se tensa, levando a tempos de processamento lentos e taxas elevadas. Estão a ser desenvolvidas soluções de escalabilidade, como a fragmentação e os protocolos de camada dois, mas a sua eficácia em grande escala ainda não foi comprovada.

Em segundo lugar, a interoperabilidade entre diferentes redes de cadeias de blocos é essencial para concretizar todo o potencial dos sistemas descentralizados. Atualmente, a maioria das cadeias de blocos funciona de forma isolada, impedindo a comunicação e a transferência de dados entre elas. Estão a ser desenvolvidos protocolos e normas de ligação para resolver este problema, mas conseguir uma verdadeira interoperabilidade continua a ser um esforço complexo.

Além disso, a incerteza regulamentar constitui um obstáculo significativo à adoção da cadeia de blocos. Diferentes jurisdições têm abordagens variadas para regulamentar as criptomoedas e a tecnologia blockchain, criando um cenário regulamentar fragmentado. O estabelecimento de regulamentos claros e coerentes é essencial para promover a inovação, assegurando simultaneamente a proteção dos consumidores e a integridade do mercado.

A segurança é outro desafio crítico no espaço da cadeia de blocos. Apesar da sua reputação de serem imutáveis e resistentes à adulteração, os sistemas de cadeia de blocos não são imunes a vulnerabilidades. O aumento de ameaças cibernéticas sofisticadas e o potencial de erro humano sublinham a importância de medidas de segurança robustas e de uma vigilância contínua na proteção das redes de cadeias de blocos.

Além disso, o consumo de energia associado aos mecanismos de consenso de prova de trabalho, como se verifica em criptomoedas populares como a Bitcoin, tem sido criticado pelo seu impacto ambiental. A transição para algoritmos de consenso mais sustentáveis, como a prova de participação ou a prova de participação delegada, apresenta desafios tecnológicos e socioeconómicos.

No lado positivo, várias tendências promissoras estão a moldar o futuro da tecnologia blockchain. O surgimento de plataformas financeiras descentralizadas (DeFi) está democratizando o acesso a serviços financeiros, oferecendo oportunidades de inclusão financeira e inovação. Além disso, os tokens não fungíveis (NFTs) estão a revolucionar a propriedade e a autenticação digital, abrindo novos caminhos para criadores e coleccionadores.

Além disso, a integração da tecnologia de cadeias de blocos com tecnologias emergentes como a inteligência artificial (IA) e a Internet das Coisas (IoT) tem um enorme potencial para criar sinergias e desbloquear novos casos de utilização. Os contratos inteligentes alimentados por cadeias de blocos podem automatizar e racionalizar vários processos em todos os sectores, reduzindo as ineficiências e melhorando a transparência.

Em conclusão, embora a tecnologia de cadeias de blocos enfrente desafios significativos, o seu futuro continua a ser promissor com os esforços em curso para resolver problemas de escalabilidade, interoperabilidade, regulamentação, segurança e sustentabilidade. Ao aproveitar o seu potencial transformador e abraçar as tendências emergentes, a cadeia de blocos tem o poder de remodelar profundamente as economias, as indústrias e as sociedades.

6.1. Questões de escalabilidade

A tecnologia Blockchain surgiu como uma força transformadora em vários sectores, oferecendo sistemas de registo descentralizados e imutáveis. No entanto, um dos desafios mais significativos que a adoção da cadeia de blocos enfrenta é a escalabilidade. À medida que as redes de cadeia de blocos crescem, a capacidade de processar rapidamente um elevado volume de transacções torna-se crucial. Vários fatores contribuem para problemas de escalabilidade em redes blockchain, incluindo o mecanismo de consenso, o tamanho do bloco e a latência da rede.

Mecanismos de consenso como Proof of Work (PoW) e Proof of Stake (PoS) são fundamentais para a segurança da cadeia de blocos, mas podem limitar a escalabilidade. O PoW, utilizado pela Bitcoin, requer um poder computacional significativo, levando a tempos de processamento de transacções lentos e a um elevado consumo de energia. A PoS, embora mais eficiente em termos energéticos, continua a enfrentar desafios de escalabilidade à medida que a rede cresce, especialmente em termos de obtenção rápida de consenso sobre as transacções.

O tamanho do bloco é outro gargalo de escalabilidade. Aumentar o tamanho do bloco pode melhorar a taxa de transferência de transacções, mas tem contrapartidas, como o aumento dos requisitos de armazenamento e tempos de propagação mais lentos na rede. Além disso, blocos maiores podem levar à centralização, pois apenas nós com recursos suficientes podem participar da validação do bloco.

A latência da rede, causada pelo tempo que os dados levam para viajar entre os nós, pode prejudicar a escalabilidade da blockchain. À medida que o número de nós numa rede aumenta, aumenta também o potencial para problemas de latência. Isto pode resultar em atrasos na confirmação de transacções e reduzir a eficiência geral da rede.

Estão a ser exploradas várias abordagens para resolver os problemas de escalabilidade na tecnologia de cadeia de blocos. Uma das abordagens são as soluções de escalonamento de camada 2, como a Lightning Network para Bitcoin e a Raiden Network para Ethereum. Estas soluções visam aumentar o débito das transacções, deslocando algumas transacções para fora da cadeia de blocos principal, reduzindo o congestionamento e acelerando os tempos de processamento.

A fragmentação é outra técnica promissora para melhorar a escalabilidade da cadeia de blocos. A fragmentação envolve a divisão da cadeia de blocos em fragmentos mais pequenos, cada um capaz de processar transacções de forma independente. Este processamento paralelo pode aumentar significativamente o rendimento das transacções, resolvendo potencialmente os problemas de escalabilidade.

A interoperabilidade entre diferentes redes de blockchain também é essencial para a escalabilidade. Ao permitir a comunicação e a transferência de valor sem descontinuidades entre cadeias de blocos diferentes, a interoperabilidade pode desbloquear novos casos de utilização e melhorar a escalabilidade global, distribuindo as transacções por várias redes.

O futuro da escalabilidade da cadeia de blocos envolverá provavelmente uma combinação destas abordagens, juntamente com investigação e desenvolvimento contínuos para enfrentar os desafios emergentes. À medida que a tecnologia blockchain continua a evoluir, a escalabilidade continuará a ser uma área de foco principal, impulsionando a inovação e a adoção em todos os sectores. Embora as questões de escalabilidade apresentem desafios significativos, elas também representam oportunidades de inovação e avanço no espaço da blockchain.

6.2. Desafios regulamentares

A tecnologia de cadeia de blocos ganhou força significativa nos últimos anos, oferecendo segurança, transparência e descentralização sem paralelo. No entanto, a par do seu potencial, a cadeia de blocos enfrenta inúmeros desafios regulamentares que têm de ser resolvidos para a sua adoção generalizada e integração em várias indústrias. Um dos principais desafios reside na ambiguidade que envolve os quadros regulamentares. A natureza descentralizada da cadeia de blocos complica as abordagens regulamentares tradicionais, deixando os decisores políticos a debater-se com a forma de supervisionar e governar eficazmente esta tecnologia sem sufocar a inovação.

Outro obstáculo significativo é a natureza transfronteiriça das transacções em cadeia de blocos. As regulamentações existentes estão muitas vezes confinadas às fronteiras nacionais, o que coloca desafios à gestão de transacções que ocorrem em várias jurisdições. Esta falta de uniformidade cria insegurança jurídica e inibe a adoção global sem descontinuidades de soluções de cadeia de blocos. Além disso, o anonimato proporcionado pela blockchain apresenta desafios regulamentares, particularmente no que diz respeito aos regulamentos de combate ao branqueamento de capitais (AML) e de conhecimento do cliente (KYC). As entidades reguladoras têm a tarefa de encontrar um equilíbrio entre a preservação da privacidade do utilizador e a prevenção de actividades ilícitas facilitadas pelo anonimato.

Além disso, a rápida evolução da tecnologia blockchain ultrapassa a adaptação regulamentar, levando a um atraso regulamentar. À medida que as aplicações de cadeia de blocos proliferam em sectores como as finanças, os cuidados de saúde e a gestão da cadeia de abastecimento, os reguladores lutam para acompanhar os casos de utilização emergentes e os riscos associados. Além disso, a interoperabilidade entre diferentes plataformas de blockchain continua sendo um desafio, dificultando a troca e a integração de dados sem interrupções. Sem protocolos padronizados e sistemas interoperáveis, todo o potencial da blockchain para revolucionar as indústrias pode permanecer não realizado.

Além disso, a conformidade regulamentar é uma barreira significativa para as empresas que procuram adotar soluções de cadeias de blocos. O complexo cenário regulatório exige recursos substanciais para consultoria jurídica e esforços de conformidade, especialmente para startups e pequenas e médias empresas. A incerteza regulamentar também impede o investimento em projectos de cadeia de blocos, uma vez que os investidores podem hesitar em investir capital em empreendimentos que operam numa área cinzenta regulamentar. Consequentemente, os desafios regulamentares podem impedir a inovação e abrandar o ritmo de adoção da cadeia de blocos em todos os sectores.

Olhando para o futuro, as tendências futuras na regulamentação de blockchain provavelmente se concentrarão em aumentar a clareza e a harmonização entre as jurisdições. As sandboxes regulatórias, que fornecem um ambiente controlado para testar soluções inovadoras de blockchain, podem se tornar mais prevalentes à medida que os reguladores buscam equilibrar a inovação com o gerenciamento de riscos. Além disso, os avanços na tecnologia regulatória (RegTech) estão prontos para simplificar os processos de conformidade e melhorar a supervisão regulatória das transações de blockchain. Os esforços de colaboração entre reguladores, partes interessadas do setor e tecnólogos serão essenciais para moldar estruturas regulatórias que promovam a inovação e, ao mesmo tempo, protejam contra riscos potenciais.

Além disso, as abordagens regulatórias podem evoluir para acomodar tecnologias emergentes, como contratos inteligentes e finanças descentralizadas (DeFi). Os reguladores podem explorar novos modelos regulatórios que alavancam a transparência e a auditabilidade inerentes ao blockchain para melhorar a conformidade e a aplicação da regulamentação. É provável que os esforços de normalização destinados a promover a interoperabilidade entre as plataformas de cadeias de blocos também ganhem ímpeto, facilitando a troca e a integração de dados sem descontinuidades em diversos ecossistemas.

Em conclusão, embora a cadeia de blocos seja uma promessa imensa para revolucionar várias indústrias, os desafios regulamentares continuam a ser uma barreira significativa à sua adoção generalizada. A resolução destes desafios exige a colaboração entre reguladores, partes interessadas do sector e tecnólogos para desenvolver quadros regulamentares flexíveis e eficazes. Ao fomentar a clareza regulamentar, promover a interoperabilidade e adotar os avanços tecnológicos, os decisores políticos podem desbloquear todo o potencial da tecnologia de cadeia de blocos, mitigando simultaneamente os riscos associados.

6.3. Interoperabilidade

A interoperabilidade, ou a capacidade de diferentes redes de blockchain se comunicarem e interagirem perfeitamente umas com as outras, apresenta desafios e tendências futuras no espaço do blockchain. À medida que a adoção da tecnologia blockchain continua a crescer em vários setores, garantir a interoperabilidade torna-se cada vez mais crucial para a realização de todo o potencial dos sistemas descentralizados. No entanto, alcançar a interoperabilidade apresenta vários desafios que precisam de ser abordados.

Em primeiro lugar, a falta de protocolos normalizados e de mecanismos de comunicação entre diferentes plataformas de cadeias de blocos dificulta os esforços de interoperabilidade. Cada rede de blockchain opera com seu próprio conjunto de regras e protocolos, dificultando a interoperação sem uma estrutura comum. O desenvolvimento de protocolos padronizados que facilitem a comunicação entre cadeias é essencial para superar esse desafio.

Em segundo lugar, surgem frequentemente problemas de escalabilidade quando se tenta alcançar a interoperabilidade entre redes de cadeias de blocos. À medida que os volumes de transacções aumentam, a capacidade das cadeias de blocos individuais para lidar com transacções entre cadeias pode ficar sobrecarregada, levando a congestionamentos e atrasos. Soluções de escalabilidade, como protocolos de camada 2 e técnicas de fragmentação, precisam ser implementadas para garantir uma interoperabilidade suave sem comprometer o desempenho.

Outro desafio é garantir a segurança e a confiança quando se transferem activos entre diferentes cadeias de blocos. A interoperabilidade introduz novos vectores de ataque e potenciais vulnerabilidades que podem ser exploradas por agentes maliciosos. Mecanismos de segurança robustos, incluindo técnicas criptográficas e auditorias de contratos inteligentes, são essenciais para mitigar esses riscos e manter a integridade das transacções entre cadeias.

Além disso, a conformidade regulamentar constitui um obstáculo significativo à obtenção de uma interoperabilidade sem descontinuidades. As diferentes jurisdições podem ter regulamentações diferentes que regem a tecnologia de cadeia de blocos e os activos digitais, o que complica as transacções transfronteiriças. São necessários esforços de colaboração entre as partes interessadas do sector e os reguladores para estabelecer quadros regulamentares claros que facilitem a interoperabilidade entre cadeias, garantindo simultaneamente a conformidade com os requisitos legais.

Além disso, a obtenção de consenso entre redes de cadeias de blocos díspares representa um desafio formidável. Os mecanismos de consenso variam consoante as diferentes plataformas, desde a prova de trabalho à prova de participação e à prova de participação delegada. O estabelecimento de protocolos de consenso que permitam a interoperabilidade, preservando simultaneamente a segurança e a descentralização das redes participantes, é uma tarefa complexa que exige uma coordenação e um consenso cuidadosos entre as partes interessadas.

Apesar destes desafios, várias tendências futuras oferecem soluções promissoras para melhorar a interoperabilidade das cadeias de blocos. Uma dessas tendências é o desenvolvimento de protocolos de interoperabilidade e camadas de middleware que actuam como pontes entre redes de blockchain díspares. Estes protocolos facilitam a comunicação entre cadeias e a transferência de activos, permitindo uma interoperabilidade perfeita, preservando simultaneamente a autonomia das cadeias de blocos individuais.

Além disso, o aparecimento de plataformas e consórcios de interoperabilidade de cadeias de blocos reúne intervenientes do sector para colaborar em normas e soluções de interoperabilidade. Essas plataformas servem como campos de teste para protocolos de interoperabilidade e facilitam colaborações entre redes participantes.

Além disso, os avanços nas trocas atómicas entre cadeias e as normas de interoperabilidade, como o Protocolo Interledger (ILP), são promissores para permitir a troca de activos sem confiança e descentralizada em diferentes cadeias de blocos. Estas tecnologias permitem que os utilizadores troquem activos em redes diferentes sem a necessidade de intermediários, aumentando assim a liquidez e a acessibilidade no ecossistema da cadeia de blocos.

Além disso, a integração de oráculos e fontes de dados fora da cadeia permite que as redes de cadeias de blocos acedam a dados do mundo real e interajam com sistemas externos, melhorando a funcionalidade e a utilidade das aplicações entre cadeias. Ao fazer a ponte entre os mundos on-chain e off-chain, os oráculos facilitam a interoperabilidade e permitem que as redes de blockchain aproveitem dados externos para vários casos de uso.

Em conclusão, embora a interoperabilidade apresente desafios significativos para a indústria de blockchain, a pesquisa e a inovação em andamento estão impulsionando tendências promissoras que têm o potencial de superar esses obstáculos. Ao abordar questões de escalabilidade, segurança, conformidade regulamentar, consenso e padronização, a interoperabilidade da blockchain pode abrir novas oportunidades para colaboração descentralizada e inovação em diversos ecossistemas.

6.4 Desenvolvimentos futuros na tecnologia de cadeia de blocos

Ao prever os futuros desenvolvimentos da tecnologia de cadeia de blocos, é possível antecipar uma miríade de avanços que irão remodelar as indústrias e as sociedades. Em primeiro lugar, a escalabilidade continua a ser uma preocupação primordial, e espera-se que os esforços de investigação e desenvolvimento em curso produzam soluções que permitam às redes de cadeia de blocos lidar com volumes de transação significativamente mais elevados sem comprometer a descentralização ou a segurança. É provável que as soluções de escalonamento da camada 2, como as cadeias laterais e os protocolos fora da cadeia, se tornem mais prevalecentes, aumentando o rendimento das cadeias de blocos existentes.

Em segundo lugar, a interoperabilidade está pronta para se tornar uma área de foco fundamental. À medida que o número de redes de cadeias de blocos prolifera, a capacidade de estas redes comunicarem e partilharem dados sem problemas será crucial. Prevê-se que os projectos destinados a facilitar a interoperabilidade, como as pontes entre cadeias e os protocolos de interoperabilidade, amadureçam, permitindo uma transferência suave de dados e activos entre diferentes cadeias de blocos.

Além disso, prevê-se que as caraterísticas de privacidade e confidencialidade sejam objeto de melhorias substanciais. Embora as cadeias de blocos públicas ofereçam transparência, existe uma procura crescente de tecnologias de preservação da privacidade que permitam transacções confidenciais. É provável que inovações como provas de conhecimento zero, encriptação homomórfica e computação multipartidária segura sejam integradas nos protocolos de cadeias de blocos, garantindo a privacidade e mantendo a integridade do registo distribuído.

Outra área de desenvolvimento são os mecanismos de governação das redes de cadeias de blocos. À medida que estas redes crescem em complexidade e âmbito, a necessidade de modelos de governação eficazes torna-se cada vez mais evidente. Os desenvolvimentos futuros podem assistir ao aparecimento de quadros de governação mais sofisticados, incluindo organizações autónomas descentralizadas (DAO) e sistemas de democracia líquida, permitindo que as partes interessadas participem nos processos de tomada de decisões de forma transparente e segura.

Além disso, a integração da cadeia de blocos com outras tecnologias emergentes é muito promissora. Por exemplo, a combinação da cadeia de blocos com a Internet das Coisas (IoT) poderia revolucionar a gestão da cadeia de abastecimento, garantindo uma maior transparência e rastreabilidade dos bens, desde a produção até ao consumo. Do mesmo modo, os avanços na inteligência artificial e na aprendizagem automática poderão melhorar as capacidades dos sistemas de cadeia de blocos, permitindo análises preditivas e uma execução mais inteligente dos contratos.

No sector financeiro, é provável que as finanças descentralizadas (DeFi) continuem a sua rápida trajetória de crescimento, oferecendo uma vasta gama de serviços financeiros sem a necessidade de intermediários tradicionais. À medida que a DeFi amadurece, podemos esperar ver uma maior estabilidade, segurança e acessibilidade, atraindo uma gama mais ampla de participantes para o ecossistema financeiro descentralizado.

Além disso, prevê-se que a adoção da tecnologia de cadeias de blocos pelos governos e pelas empresas acelere. Os governos podem aproveitar a blockchain para a gestão de identidades, sistemas de votação e prestação de serviços públicos, melhorando a eficiência e a transparência. As empresas, por sua vez, irão explorar soluções de blockchain para a gestão da cadeia de fornecimento, gestão de activos digitais e colaboração descentralizada, simplificando as operações e reduzindo os custos.

Por último, é provável que os quadros regulamentares em torno da tecnologia de cadeia de blocos evoluam para proporcionar clareza e promover a inovação, abordando simultaneamente as preocupações relacionadas com a segurança, a privacidade e a conformidade. As "sandboxes" regulamentares, as normas do sector e as iniciativas de colaboração entre as entidades reguladoras e as partes interessadas do sector desempenharão um papel crucial na definição do panorama regulamentar da tecnologia de cadeias de blocos, abrindo caminho à sua adoção generalizada e à sua integração em aplicações correntes.

Conclusão:

Em conclusão, a navegação no panorama da tecnologia de cadeia de blocos apresenta uma miríade de desafios e tendências futuras que exigem uma análise cuidadosa e soluções proactivas. As questões de escalabilidade permanecem na vanguarda das preocupações, uma vez que a procura de aplicações de cadeia de blocos continua a crescer exponencialmente. A abordagem da escalabilidade exigirá abordagens inovadoras, como soluções de camada 2, fragmentação e avanços em algoritmos de consenso para garantir que as redes de blockchain possam lidar com volumes maiores de transações sem sacrificar a segurança ou a descentralização.

Os desafios regulamentares também são grandes, uma vez que os governos de todo o mundo se debatem com a forma de regulamentar a cadeia de blocos e as criptomoedas, equilibrando simultaneamente a inovação e a proteção dos consumidores. Conseguir clareza regulamentar e promover um ambiente favorável à inovação da cadeia de blocos será essencial para que a tecnologia atinja todo o seu potencial e ganhe uma adoção generalizada.

A interoperabilidade surge como um fator crítico para o futuro da cadeia de blocos, uma vez que a proliferação de diferentes plataformas e protocolos de cadeia de blocos cria fragmentação e dificulta a comunicação contínua entre redes. O desenvolvimento de normas e protocolos para a interoperabilidade permitirá uma maior colaboração e integração entre diferentes ecossistemas de cadeias de blocos, abrindo novas possibilidades para aplicações descentralizadas e funcionalidades entre cadeias.

Olhando para o futuro, os futuros desenvolvimentos na tecnologia blockchain são uma tremenda promessa para revolucionar várias indústrias e remodelar a forma como interagimos com activos e dados digitais. Avanços como criptografia resistente a quantum, técnicas de preservação de privacidade e melhorias na escalabilidade e eficiência impulsionarão a inovação e abrirão novas oportunidades para finanças descentralizadas, gerenciamento da cadeia de suprimentos, verificação de identidade e muito mais.

As inovações nos mecanismos de consenso, como a prova de participação e a prova de participação delegada, oferecem alternativas mais eficientes em termos energéticos e escaláveis à prova de trabalho tradicional, abrindo caminho para redes de blockchain mais ecológicas e sustentáveis. Além disso, a integração da inteligência artificial e da aprendizagem automática com a tecnologia de cadeia de blocos tem o potencial de aumentar a segurança, automatizar processos e otimizar a tomada de decisões em sistemas descentralizados.

Além disso, o surgimento de finanças descentralizadas (DeFi) representa uma mudança de paradigma no panorama financeiro tradicional, oferecendo novas vias de acesso a serviços financeiros, realizando transacções entre pares e participando em mercados globais sem intermediários. No entanto, o rápido crescimento da DeFi também traz riscos, como vulnerabilidades de contratos inteligentes, escrutínio regulamentar e riscos sistémicos que devem ser cuidadosamente geridos para garantir a viabilidade e estabilidade a longo prazo do ecossistema.

Em conclusão, embora a tecnologia de cadeia de blocos continue a enfrentar desafios em várias frentes, incluindo a escalabilidade, a regulamentação e a interoperabilidade, as perspectivas futuras continuam a ser altamente promissoras. Com a inovação e a colaboração contínuas, o potencial da cadeia de blocos para impulsionar mudanças sociais e económicas positivas é praticamente ilimitado. Ao enfrentar esses desafios e abraçar desenvolvimentos futuros, podemos desbloquear todo o potencial da tecnologia blockchain e construir um mundo mais descentralizado, transparente e inclusivo.

Capítulo 7: Conclusão

Introdução:

A tecnologia Blockchain é um conceito revolucionário que tem atraído uma atenção generalizada devido ao seu potencial para transformar vários sectores. Na sua essência, a cadeia de blocos é um livro-razão descentralizado e distribuído que regista transacções através de uma rede de computadores. Ao contrário dos sistemas centralizados tradicionais, em que uma única entidade controla a base de dados, a cadeia de blocos permite um registo transparente e imutável das transacções. A introdução da tecnologia de cadeia de blocos tem o potencial de perturbar vários sectores, incluindo o financeiro, a gestão da cadeia de abastecimento, os cuidados de saúde, entre outros. A sua base assenta em princípios criptográficos, garantindo transacções seguras e invioláveis.

Uma das principais caraterísticas da tecnologia de cadeia de blocos é a sua descentralização. Em vez de dependerem de uma autoridade central para verificar as transacções, as redes de cadeia de blocos utilizam mecanismos de consenso para validar e registar as transacções em vários nós. Esta descentralização elimina a necessidade de intermediários, reduzindo custos e aumentando a eficiência. Além disso, a natureza distribuída da cadeia de blocos torna-a resistente à censura e à adulteração, aumentando a confiança e a transparência nas transacções.

Outro aspeto crucial da tecnologia de cadeia de blocos é a sua imutabilidade. Quando uma transação é registada na cadeia de blocos, não pode ser alterada ou eliminada. Cada bloco da cadeia de blocos contém um hash criptográfico único do bloco anterior, criando uma cadeia cronológica de transacções que é praticamente impossível de adulterar. Esta caraterística garante a integridade e a segurança dos dados armazenados na cadeia de blocos, tornando-a altamente resistente a tentativas de fraude e pirataria informática.

A tecnologia Blockchain também permite uma maior transparência e rastreabilidade nas transacções. Uma vez que cada transação é registada na cadeia de blocos e visível para todos os participantes na rede, os utilizadores podem seguir todo o historial de um ativo ou transação, desde a sua origem até ao seu estado atual. Esta transparência pode ser particularmente benéfica em sectores como a gestão da cadeia de abastecimento, onde o acompanhamento da circulação de bens é essencial para garantir a autenticidade e a qualidade.

Além disso, a tecnologia de cadeia de blocos tem potencial para facilitar transacções transfronteiriças mais rápidas e mais baratas. Os sistemas bancários tradicionais envolvem frequentemente processos morosos e taxas elevadas para a transferência de dinheiro a nível internacional. Com a cadeia de blocos, as transacções podem ser processadas em minutos ou mesmo segundos, independentemente da localização geográfica, e a uma fração do custo em comparação com os métodos tradicionais.

Além disso, a tecnologia de cadeia de blocos abre novas oportunidades de inovação e colaboração. Os programadores podem construir aplicações descentralizadas (DApps) sobre redes de cadeias de blocos, criando uma vasta gama de casos de utilização em todos os sectores. Os contratos inteligentes, contratos auto-executáveis com os termos do acordo diretamente escritos no código, automatizam e aplicam a execução de acordos, simplificando ainda mais os processos e reduzindo a necessidade de intermediários.

No entanto, apesar das suas muitas vantagens, a tecnologia de cadeia de blocos também enfrenta desafios e limitações. A escalabilidade, o consumo de energia, a incerteza regulamentar e as questões de interoperabilidade são alguns dos obstáculos que têm de ser resolvidos para uma adoção generalizada. No entanto, à medida que a tecnologia continua a evoluir e a amadurecer, o seu potencial para revolucionar vários sectores e remodelar a economia global continua a ser inegável.

7.1. Recapitulação dos pontos-chave

Definição e conceito: Blockchain é uma tecnologia de registo descentralizada e distribuída que regista transacções em vários computadores de uma forma que as torna invioláveis e transparentes. Cada bloco da cadeia contém um hash criptográfico do bloco anterior, criando uma ligação segura entre eles. Esta estrutura garante a integridade e a imutabilidade dos dados armazenados na cadeia de blocos.

Descentralização e consenso: Ao contrário dos sistemas centralizados tradicionais, a blockchain opera numa rede descentralizada de nós. Mecanismos de consenso, como Proof of Work (PoW) ou Proof of Stake (PoS), são usados para validar e confirmar transações, garantindo o acordo entre os participantes sem a necessidade de uma autoridade central.

Criptomoeda e mais além: Embora a tecnologia de cadeia de blocos tenha ganho proeminência com o advento de criptomoedas como a Bitcoin, as suas aplicações vão muito além das moedas digitais. A cadeia de blocos pode ser utilizada para vários fins, incluindo a gestão da cadeia de abastecimento, sistemas de votação, verificação de identidade e contratos inteligentes, entre outros.

Segurança e transparência: Os princípios criptográficos subjacentes à tecnologia blockchain proporcionam elevados níveis de segurança. As transacções são registadas de forma transparente e imutável, dificultando a alteração de dados ou a participação em actividades fraudulentas por parte de agentes maliciosos. Esta transparência também promove a confiança entre os participantes, uma vez que qualquer pessoa pode verificar as transacções na cadeia de blocos.

Interoperabilidade e escalabilidade: A interoperabilidade refere-se à capacidade de diferentes redes de blockchain se comunicarem e interagirem umas com as outras sem problemas. Embora a escalabilidade tenha sido um desafio para algumas plataformas de cadeia de blocos, estão a ser envidados esforços para melhorar o rendimento e a eficiência das transacções, permitindo que a tecnologia de cadeia de blocos suporte aplicações de maior escala e volumes de transação mais elevados.

Desafios e limitações: Apesar do seu potencial, a tecnologia de cadeia de blocos enfrenta vários desafios e limitações. Problemas de escalabilidade, preocupações com o consumo de energia (especialmente com mecanismos de consenso PoW), incerteza regulamentar e barreiras de interoperabilidade são alguns dos principais desafios que precisam de ser resolvidos para que a cadeia de blocos realize todo o seu potencial.

Adoção e inovação empresarial: Muitas empresas estão a explorar a tecnologia de cadeia de blocos para simplificar processos, aumentar a segurança e reduzir custos. Indústrias como as finanças, os cuidados de saúde, a logística e o sector imobiliário estão a experimentar ativamente soluções baseadas em cadeias de blocos para dar resposta a vários desafios empresariais e melhorar a eficiência.

Perspectivas e potencial futuro: O futuro da cadeia de blocos parece promissor, com investigação e desenvolvimento contínuos destinados a resolver as suas actuais limitações. À medida que a tecnologia amadurece e as normas evoluem, espera-se que a cadeia de blocos desempenhe um papel cada vez mais significativo na remodelação das indústrias, impulsionando a inovação e permitindo novos modelos de negócio que aproveitem as suas caraterísticas únicas, como a descentralização, a segurança e a transparência.

Estes pontos-chave fornecem uma visão geral da tecnologia blockchain, das suas aplicações, desafios e perspectivas futuras, destacando o seu potencial transformador em vários sectores.

7.2. Direção futura da cadeia de blocos

Ao contemplar a futura direção da tecnologia de cadeia de blocos, torna-se evidente que as suas potenciais aplicações vão muito além dos seus actuais casos de utilização. À medida que nos encontramos no limiar de uma nova era definida pela descentralização e transparência, surgem várias tendências que irão provavelmente moldar a trajetória da cadeia de blocos nos próximos anos.

Em primeiro lugar, a interoperabilidade desempenhará um papel fundamental para levar a adoção da cadeia de blocos a novos patamares. À medida que diferentes redes de blockchain continuam a proliferar, a capacidade dessas redes de se comunicarem e transacionarem sem problemas se tornará cada vez mais importante. Os projectos centrados em protocolos de interoperabilidade, como o Polkadot e o Cosmos, estão preparados para colmatar a lacuna entre diferentes cadeias de blocos, permitindo um ecossistema mais interligado e eficiente.

Em segundo lugar, a escalabilidade continua a ser um desafio significativo que tem de ser resolvido para que a tecnologia de cadeias de blocos possa ser adoptada em massa. Estão a ser desenvolvidas soluções como as soluções de escalonamento de nível 2 (por exemplo, a Lightning Network para a Bitcoin e os canais de estado para a Ethereum) e novos mecanismos de consenso (por exemplo, prova de participação) para melhorar a escalabilidade da cadeia de blocos sem sacrificar a segurança ou a descentralização. A superação das limitações de escalabilidade desbloqueará todo o potencial da cadeia de blocos para aplicações que vão desde os sistemas de pagamento globais até à gestão da cadeia de abastecimento.

Em terceiro lugar, a integração da cadeia de blocos com outras tecnologias emergentes, como a inteligência artificial (IA) e a Internet das Coisas (IoT), é uma promessa imensa para revolucionar vários sectores. Ao aproveitar os algoritmos de IA para analisar os dados da blockchain, as organizações podem extrair informações valiosas e automatizar os processos de tomada de decisão. Da mesma forma, a combinação de blockchain com dispositivos IoT pode criar sistemas à prova de adulteração para rastrear e gerenciar ativos em tempo real, aumentando a transparência e a eficiência nas cadeias de suprimentos e redes de logística.

Em quarto lugar, os quadros regulamentares continuarão a evoluir para acomodar a crescente adoção da tecnologia de cadeias de blocos. Os governos e os organismos reguladores estão cada vez mais a reconhecer os potenciais benefícios da cadeia de blocos, ao mesmo tempo que abordam as preocupações relacionadas com a segurança, a privacidade e a conformidade. Regulamentos claros e favoráveis podem proporcionar a confiança necessária para que as empresas e os investidores adoptem mais rapidamente as soluções de cadeia de blocos, promovendo a inovação e o crescimento económico.

Em quinto lugar, a emergência das finanças descentralizadas (DeFi) representa uma mudança de paradigma significativa no sistema financeiro tradicional. As plataformas DeFi, construídas com base na tecnologia blockchain, oferecem uma vasta gama de serviços financeiros, incluindo a concessão de empréstimos, a contração de empréstimos, a negociação e a gestão de activos, sem necessidade de intermediários. À medida que a DeFi continua a amadurecer, tem o potencial de democratizar o acesso aos serviços financeiros a nível mundial, capacitar os indivíduos para terem um maior controlo sobre os seus activos e promover a inclusão financeira.

Em sexto lugar, as preocupações com a sustentabilidade e o ambiente estão a tornar-se cada vez mais pontos fulcrais no desenvolvimento da tecnologia de cadeia de blocos. Uma vez que o consumo de energia continua a ser uma questão controversa para certas redes de cadeias de blocos, estão a ser envidados esforços para desenvolver mecanismos de consenso mais eficientes em termos energéticos e promover a utilização de fontes de energia renováveis para operações de extração mineira. Além disso, as iniciativas para compensar as emissões de carbono geradas pelas actividades de cadeia de blocos estão a ganhar força, alinhando-se com os esforços mais amplos para atenuar o impacto ambiental das tecnologias digitais.

Em sétimo lugar, a convergência da cadeia de blocos com outras tecnologias emergentes, como a computação quântica e a 5G, abrirá novas fronteiras para a inovação e a disrupção. A criptografia resistente ao quantum tornar-se-á essencial para salvaguardar as redes de blockchain contra potenciais ameaças colocadas pela computação quântica, garantindo a segurança e integridade a longo prazo dos sistemas descentralizados. Entretanto, a conetividade de alta velocidade e baixa latência permitida pelas redes 5G facilitará as transacções em tempo real e a troca de dados à escala global, aumentando ainda mais a eficiência e a fiabilidade das aplicações de cadeias de blocos.

Por último, a aceitação social e as mudanças culturais desempenharão um papel crucial na definição da direção futura da tecnologia de cadeias de blocos. À medida que a consciencialização e a compreensão da cadeia de blocos continuarem a crescer, os indivíduos e as organizações abraçarão cada vez mais o seu potencial para promover a confiança, a transparência e a capacitação. Os esforços de educação e defesa serão fundamentais para dissipar ideias erradas e promover um ecossistema de apoio para que a inovação da cadeia de blocos prospere.

Em conclusão, a direção futura da cadeia de blocos está preparada para ser caracterizada por uma maior interoperabilidade, escalabilidade, integração com outras tecnologias, clareza regulamentar, sustentabilidade e aceitação social. Ao abordar estes desafios e oportunidades fundamentais, a cadeia de blocos tem o potencial de revolucionar as indústrias, transformar os modelos de negócio e capacitar os indivíduos de formas anteriormente inimagináveis. À medida que embarcamos nesta viagem rumo ao futuro descentralizado, a colaboração, a inovação e o compromisso com valores partilhados serão essenciais para desbloquear todo o potencial da tecnologia de cadeia de blocos.

Conclusão:

A tecnologia Blockchain surgiu como uma força transformadora em vários sectores, prometendo sistemas descentralizados, seguros e transparentes. Através do seu livro-razão imutável e dos seus princípios criptográficos, a cadeia de blocos tem o potencial de revolucionar sectores que vão das finanças aos cuidados de saúde, da gestão da cadeia de fornecimento aos sistemas de votação. À medida que percorremos o labirinto das capacidades da cadeia de blocos, torna-se evidente que o seu impacto se estende muito para além da sua aplicação inicial em moedas criptográficas. Ao promover a confiança em ambientes sem confiança, a cadeia de blocos permite transacções entre pares sem a necessidade de intermediários, reduzindo custos e ineficiências e aumentando a segurança e a responsabilidade.

Além disso, a natureza distribuída da cadeia de blocos garante a resiliência contra pontos únicos de falha, tornando-a altamente resistente à adulteração e à censura. Esta resiliência inerente é particularmente crucial face aos desafios actuais, como as ameaças cibernéticas e as violações de dados. Além disso, a transparência proporcionada pela cadeia de blocos promove uma nova era de responsabilização, em que as partes interessadas podem verificar transacções e dados com uma facilidade e confiança sem precedentes. Esta transparência não só aumenta a eficiência, como também facilita o cumprimento da regulamentação e promove a confiança entre os participantes.

Quando olhamos para além das complexidades técnicas, as implicações sociais da tecnologia de cadeia de blocos tornam-se evidentes. Ao descentralizar o controlo e dar poder aos indivíduos, a cadeia de blocos tem o potencial de democratizar o acesso a serviços financeiros, informações e oportunidades. Desde o fornecimento de inclusão financeira à população sem conta bancária até à garantia da integridade das cadeias de fornecimento, a cadeia de blocos tem a promessa de criar um mundo mais equitativo e sustentável.

No entanto, a concretização de todo o potencial da cadeia de blocos exige a resolução de vários desafios, incluindo a escalabilidade, a interoperabilidade e as preocupações regulamentares. A escalabilidade continua a ser um obstáculo significativo, especialmente à medida que as redes de cadeias de blocos se esforçam por acomodar bases de utilizadores e volumes de transacções crescentes. A interoperabilidade entre diferentes plataformas de cadeias de blocos é essencial para concretizar a troca ininterrupta de valores e informações entre ecossistemas. Além disso, a navegação nos quadros regulamentares apresenta complexidades, uma vez que os decisores políticos se esforçam por encontrar um equilíbrio entre a promoção da inovação e a proteção contra riscos.

Em conclusão, a cadeia de blocos é um farol de inovação, oferecendo soluções para problemas antigos e abrindo caminho a novas aplicações ainda por imaginar. O seu potencial para revolucionar as indústrias, capacitar os indivíduos e promover a confiança no nosso mundo cada vez mais digital é inegável. No entanto, a concretização deste potencial exige esforços concertados das partes interessadas de todos os sectores para enfrentar os desafios técnicos, regulamentares e sociais. À medida que embarcamos nesta viagem rumo a um futuro com base em cadeias de blocos, mantenhamo-nos vigilantes, colaborativos e adaptáveis, assegurando que esta tecnologia transformadora serve o bem maior e inaugura uma era de possibilidades sem precedentes.

8. Recursos para aprendizagem futura

1. X. Yang, Y. Chen e X. Chen, "Esquema eficaz contra ataque de 51% em Blockchain de prova de trabalho com informações ponderadas pelo histórico", Conferência Internacional IEEE 2019 sobre Blockchain (Blockchain), Atlanta, GA, EUA, 2019, pp. 261-265, doi: 10.1109/Blockchain.2019.00041.

2. Fitwi, Y. Chen e S. Zhu, "A Lightweight Blockchain-Based Privacy Protection for Smart Surveillance at the Edge", 2019 IEEE International Conference on Blockchain (Blockchain), Atlanta, GA, EUA, 2019, pp. 552-555, doi: 10.1109/Blockchain.2019.00080.

3. S. Yu, K. Lv, Z. Shao, Y. Guo, J. Zou e B. Zhang, "Uma plataforma de blockchain de alto desempenho para dispositivos inteligentes", 1ª Conferência Internacional IEEE de 2018 sobre redes centradas em informações quentes (HotICN), Shenzhen, China, 2018, pp. 260-261, doi: 10.1109/HOTICN.2018.8606017.

4. D. Li, Q. Guo, D. Bai e W. Zhang, "Investigação e implementação do sistema de operação e transação baseado na tecnologia Blockchain para a central eléctrica virtual", Conferência Internacional de 2022 sobre Tecnologia Blockchain e Segurança da Informação (ICBCTIS), Cidade de Huaihua, China, 2022, pp. 165-170, doi: 10.1109/ICBCTIS55569.2022.00046.

5. G. Wang, Z. Shi, M. Nixon e S. Han, "ChainSplitter: Towards Blockchain-Based Industrial IoT Architecture for Supporting Hierarchical Storage", 2019 IEEE International Conference on Blockchain (Blockchain), Atlanta, GA, EUA, 2019, pp. 166-175, doi: 10.1109/Blockchain.2019.00030.

Printed by Books on Demand GmbH, Norderstedt / Germany